优雅女人
自带光芒

拉林 编著

中华工商联合出版社

图书在版编目（CIP）数据

优雅女人自带光芒 / 拉林编著. -- 北京：中华工商联合出版社，2020.11（2024.2重印）
ISBN 978-7-5158-2864-0

Ⅰ.①优… Ⅱ.①拉… Ⅲ.①女性－修养－通俗读物Ⅳ.①F825.5-49

中国版本图书馆CIP数据核字(2020)第183899号

优雅女人自带光芒

作　　者：拉　林
出 品 人：李　梁
责任编辑：关山美
装帧设计：北京任燕飞图文设计工作室
责任审读：于建廷
责任印制：迈致红
出版发行：中华工商联合出版社有限责任公司
印　　制：三河市同力彩印有限公司
版　　次：2020年11月第1版
印　　次：2024年2月第2次印刷
开　　本：710mm×1000mm　1/16
字　　数：140千字
印　　张：14
书　　号：ISBN 978-7-5158-2864-0
定　　价：69.00元

服务热线：010–58301130-0（前台）
销售热线：010–58301132（发行部）
　　　　　010–58302977（网络部）
　　　　　010–58302837（馆配部）
　　　　　010–58302813（团购部）
地址邮编：北京市西城区西环广场 A 座
　　　　　19—20 层，100044
http://www.chgslcbs.cn
投稿热线：010–58302907（总编室）
投稿邮箱：1621239583@qq.com

目 录

第一章 无关年龄，优雅是唯一不会褪色的美 >>>

第二章 活出自我，只为你眼中的自己 >>>

第三章 时刻怀着感恩的心 >>>

第四章 不是依附，爱里也要各自独立 >>>

第五章 过安静从容的生活 >>>

第六章　追求梦想，掌控自己的人生　>>>

第七章　事业是女人最美的姿色　>>>

第八章　学会放下，看透生活本色　>>>

第一章

无关年龄，优雅是
唯一不会褪色的美

女人爱自己，是对自己的一种珍重。女人在生活和事业中应该坚强，也应该好好地爱自己，自尊自重。你如果希望得到别人的尊重，希望得到真爱，就应首先做一个懂得爱自己、保护自己的人，不能失去自我。

不惧年龄，经验才是女人最大的财富

正确对待年龄的增长，不要让生理年龄成为个人的一种束缚。其实，美丽与年龄没有必然联系。开心的时候，你可以把自己打扮得像个大学生，热情洋溢地展现青春的一面；需要以成熟的面貌出现在别人面前的时候，你也可以表现得稳重成熟，充满自信。

有这样一类女性，岁月只能增添她们的美丽，为她们多样的姿态增添几缕美好。

奥黛丽·赫本是银幕上演绎美丽童话的闪耀明星。她是优雅、高贵、格调的代名词。她不仅带来了品位、时尚与优雅，还展现了一个女人所能拥有的最美心灵。她的妆容、她的发型和她的小黑裙被无数人模仿；她温文尔雅的话语亦被奉为格言，成为诸多爱美女性的永恒经典。她有着善良、高尚的人格魅力。

优雅不仅是一种生活态度，更是一种风度，一种与人沟通时的风度。一位具备优雅风度的女人，必然拥有迷人的持久魅力，这种优雅的风度如纯净山风，悄悄潜入心灵，给人留下美好的印象。

优雅是女人的一种气质，是由内而外的自然流露。优雅的女人要有充实的内涵和丰富的文化底蕴，这是外表之外的境界。优雅是一种风骨，一种气度。这种风骨包括文化品位、气质内涵、品行修养等诸多因素，它是一种由内而外折射出的女人个性的光彩。优雅不但包括美丽、聪慧和自信，还包括善良、宽容和豁达。优雅这门功课，讲究的是一种境界，一种心灵的自我完善，它需要女人用一生的时间去修炼、去感悟、去打造。

优雅是每个女人一生的功课：没有美丽，做到优雅，便能超越美丽；有了美丽，做到优雅，美丽才能历久弥坚。如果你不够漂亮，一位彩妆师10分钟内就能让你从"丑小鸭"变成"白天鹅"；如果你不够时尚，一位造型师10分钟内就能让你从"麻雀"变成"凤凰"。但优雅绝对无法一蹴而就，优雅更多的不是形容外表，而是形容一种修养与内涵，它包括自信、乐观、知性与友善等许多内容。

优雅的女人衣着时尚，妆容精致，神采飞扬，风姿绰约；优雅的女人平和内敛，从容娴静，不矫揉造作，不喜张扬；优雅的女人，大都遵从自我意愿的选择，将气质品位自然流露。但优雅不是先天的恩赐，而是后天努力的结果。

优雅的女人最有魅力。她们明理、通达，又有品位；她们成熟、独立，又带点个性；她们智慧、敏感，又带点风情。她们既内敛又妖娆，既含蓄又张扬。她们有着善良美好的心灵，她们善于平衡自己的心理，她们有一种处乱不惊、以不变应万变的心态，她们有较强的领悟力，大到人生命运、小至日常生活，她们懂得对大小问题如何把握分寸，能够做出明智的抉择。她们不是世界上最有钱的人，但她们是最富有的人。

每个女人都应该做到两点：有品位并且光芒四射。青春会逝去，但优雅的风骨会永存。

让一个女人美丽的，不仅仅是她迷人的妆容，更是她身上那种充分散发出来的吸引人的激情和乐观的生活态度。看看那些岁月不在她们身上留下痕迹的女性吧，你会发现，年龄并没有什么大不了的。

不断提升内在修养

"爱美之心，人皆有之。"哪个女人不喜欢美？哪个女人不希望自己的形象迷人呢？但是，什么是真正的美？怎样才算美呢？

应该说，女人一般都有动人之处，兼具美的"因子"，这种潜在的美可以由自己来塑造，只要她提升内在修养，就会越来越有韵味，像美酒一样芳醇。

有一次，车尔尼雪夫斯基去拜访一位多年不见的朋友。这位朋友已经结婚。在茶会之间，他结识了朋友的妻子，这位年轻、美丽的主妇待他亲切自然，像自己的老友一般。车尔尼雪夫斯基对他的朋友说："你的太太很可爱。"

过了一个月，车尔尼雪夫斯基再去拜访这位朋友，听到一个不幸的消息：朋友的工厂遭了火灾。朋友当时沮丧万分，他的妻子一直陪伴在他身边安慰他，劝他别伤心。"我们还年轻，只要你不沮丧，将来一切都会好起来的。卖掉我们的家产，卖掉我的银器和衣物，就够还债了。我出外可以步行，必要的时候，我还可以自己做饭。"她温柔地在丈夫身边鼓励道，"只要你像以前一样爱我，我就还像以前一样幸福。"

目睹这一幕的车尔尼雪夫斯基感动极了，他说："我顿时觉得这位夫人是最高贵的妇人，她由内而外散发出一种高贵的美。"

可见，决定一个女人是否美丽可爱的不是外貌，而是修养。一个人的外貌是天生的，但其内在的底蕴和修养，却是可以由自己后天塑造的。

外貌的美是不长久的。再美丽的女子，也无法留住逝去的岁月，使红颜不老；而内在的修养，却将随着岁月的演进，越发显示出它的光华，让女子变得气质高雅。人并不是因为美丽而可爱，而是因为可爱而美丽。

女人都害怕变老，但有些女人，你会觉得年龄的增长不仅不会磨损她的魅力，反而会使其内涵更加丰富，使生命更加精彩。这样的女性即使早就过了盛放的花季，也依然能绵延着长久的花期。

一个聪明的女子，懂得在岁月的累积中，让内在的修养成为其美丽的秘密，虽然无情的光阴会在皮肤上刻下岁月的痕迹，但丝毫无妨其活得光鲜靓丽。那么，如何让内在的修养成为自己青春常驻的"法宝"呢？

女性提升内在修养的方式有很多，其中，读书是最基本的一种。书读得少，哪怕再漂亮的女子，也会让人觉得索然无味。有些女孩子虽然漂亮，但开口说话却空洞无物，丝毫没有内涵，这是很悲哀的。

尤其要注意的是，千万不要与人斤斤计较，要有大肚量、大胸襟，这样才能称得上有修养。奉劝那些爱为一点小事就大动肝火、斤斤计较，甚至在许多场合弄得别人下不来台的女子，千万不要再耍小心眼、使"小家子气"了，这样只会让人觉得你没有涵养，令人生厌。

另外还要注意，虽然在社交活动中女性应该自尊、自重，但也应该谦虚谨慎，尊重他人，不要自视清高，也不要因为自己比别人有优势就显示出不耐烦或不屑的样子。当然，也不要因自己不如他人而过分谦卑，而是要事事处处做到落落大方、不卑不亢。

女性要修炼的细节还有很多，面面俱到才能提升综合素质，提升内在修养的层次。落落大方、知书达理的女性比用服饰打扮起来的女性更能保持长久的魅力。这是女性一生的必修课。身为女子，不要忘了为自己的容貌美花费心思，同时更要懂得提高自己的内在修养。

良好修养是女人最动人的魅力

女性的魅力不是刻意地与众不同，而是不经意的流露。个人修养深厚的女人总能适时地把自己的魅力流露出来。女性的魅力体现在气质上。一个有气质的女人能够吸引众人的目光，而这份让人无法抗拒的魅力就是来源于女人的内心，来源于她深层次的修养。

女人的修养是女人综合能力和素质的体现，它反映着女人为人处世的态度，以及在知识、人际交往等层面的水平。良好的修养能给予女人一种自信、大气以及抑制不住的魅力，甚至会使一个原本相貌平平的女人瞬间变得美丽，这就是修养的魔力。

一个有修养的女人在生活和工作中能潇洒自如地展示她的个人魅力，从而成为女人本身独具的资本。魅力并不仅仅是女人的外貌仪表、言谈举止，更包括了女人的个性、品位、为人处世、生活态度等。每一个在社会中生存的女人都在致力于提升自己的个人魅力，让万千目光集于自身。

在人才辈出的当今社会，一个女人只有勇敢地表达自己，让更多的人认识到她的魅力，才能获得最后成功的机会。虽然机会对每个人都是公平的，但是如果你只知道含蓄沉默，即使你看到了机会，你也不可能抓住它。有修养的女人总是在做事时充满自信的魅力，她自信自己有能力抓住机会，她渴望成功，在需要的时候能用自己的良好修养来展示自己，最终把机会紧紧握在自己手中。

良好的修养能让女人在与别人初次见面时给对方留下深刻的印象，魅力只有在不知不觉中展现给别人才能转化为真正的影响力，进而成为一种吸引力，具有修养魅力的女人往往更能赢得他人的垂青。

在人生道路上，也许有些女人没有轰轰烈烈的经历，但是她们仍是生活中的强者，也是最具人格魅力，最美丽的女人。面对困难和错综复杂的人生，有修养的女人总是微笑着，不为日常琐事而计较，不为生活的压力而焦虑，不为儿女情长的善变而忧郁烦恼。她们爱惜自己，没有世俗的圆滑，只用善良、率真、坦荡的心品评人生，享受生活的乐趣。

她们会在世事的牵累中修饰自己、滋养自己，用淡然的心态呵护自己，让笑容如阳光般灿烂。不断地修炼自己从容的心性和健康的心智，使淡然的女人在职场上练达宽厚，气定神闲。

唯有时刻提升自己的修养，增强自己的自信心、影响力，将它们转化成自己个人魅力的源泉，才能在这场人生的考验中脱颖而出。同时，有修养的女人要拥有一颗从容的心和淡然的心态，以淡然和包容为人处世，这是女人一生的幸福。

修炼优雅的气质

有人说过这样一句话："女人的容貌，30岁以前是父母给的，30岁以后是自己给的。"30岁的女人有理由相信，气质优雅的"钥匙"是掌握在自己手里的。气质优雅的女性和外表漂亮的女性相比，更经得起岁月的考验。气质优雅的女性总是给人愉悦、舒畅的感觉，不管她站在哪里，都可以成为一道亮丽的风景。

优雅的气质是一个人由内而外散发出来的一种魅力，你不一定要有娇艳欲滴的容颜，也不一定要有魔鬼般的身材，但一定要充满自信，一言一行、一颦一笑、一举一动都落落大方、温文尔雅、周到得体。

美丽是魅力的一部分，但美丽并不等于魅力。魅力在更大程度上体现的是一种优雅的气质，不管是年轻的少女、中年的女人还是年迈的妇人，都能凭借优雅的气质展现出迷人的魅力，而无关长相美丑。

那么，如何让自己成为一个有魅力的女人呢？

"想"并不代表"能够"，渴望拥有优雅气质的愿望很简单，但真正变得气质优雅、成为一个有魅力的女人是一项"艰苦"的系统工程，需要我们用一生的时光来完成。也就是说，如果你想成为一个气质优雅的女人，就得把修炼优雅的气质视为自己每日的必修课，有意识地让自己养成良好的习惯，日积月累，苦练不辍。必须指出的是，凡是气质优雅的女人，一定为此付出了超常的努力。如果你期望拥有优雅的气质，你就得绷着一股"劲"，如同你热爱文学、摄影或者绘画一样，你不绷着一股"劲"，哪会出什么好作品？而且，这股"劲"不能慢慢消退，而应该与日俱增。

女人美丽身影的背后不仅仅是形体的呈现，女人提升优雅的气质也不仅仅是外表漂亮而已，其中还折射出诸多的内涵与修养。

优雅的气质来自人的内心深处，它是一种由内而外散发出的独特气息，不是装出来的，而是与人的生长环境、后天教育和内心历练等有关，没有一定的人生经历和智慧的沉淀是显现不出来的。气质优雅的女性也许没有迷人的外表，也许没有窈窕的身材，但一定有丰富的内涵，她们在举手投足间不经意流露出来一种成熟的气息，一种由内而外散发的知性美。

优雅的气质来自后天的学习和积累，源于丰厚的学识、深刻的思想，这不是矫揉造作、金钱、时装、化妆品的堆积所能形成的。优雅的气质也许是一个迷人的微笑，也许是一句贴心的话语，也许是一个扶助的动作，也许是一个相知的眼神，它是以丰富的内心、智慧和博爱为基础的。具有优雅气质的女性一定有一种洗尽铅华的淡定自若，有一种对生活的自信，有一种积极乐观、从容镇定、谦逊善良的心境。

优雅的气质是一种境界、一种风度、一种气节，它是难以模仿的。优雅的女性一定具有善良和仁爱的内心，就像一朵盛开的莲花，端庄而不轻佻，热情而不张狂；她们懂得爱自己、爱父母、爱伴侣、爱孩子、爱朋友、爱同事、爱工作，更懂得如何去爱生活。

气质优雅的女性偏爱读书，她们会在唐诗宋词、散文中修身养性，在中外名著中优哉漫步，这样的女性浑身散发着书卷味，一颦一笑都透出清丽优雅。她们不会迷恋虚荣，也不会被世俗束缚，而是追求钟爱一生的事业，努力为自己的梦想去奋斗。

优雅的气质对于每一个成熟自立的女人来说，并非一定是刻意去追求，而是认真地走好人生的每一步，在无形的厚积薄发中去塑造。女性朋友们，当你知道什么是优雅并学会欣赏优雅的时候，你就是正在向优雅的女性看齐。即使年龄增长，青春的容颜消逝，优雅的气质也仍然会绽放出永恒的美丽。让我们都来做一个气质优雅的女子吧！

温柔的力量

温柔是女人身上特有的韵味。如果没有温柔的一面，再漂亮，再有个性的女人也会让男人敬而远之。

温柔是一种美丽。它能折射出一个人的兴趣情调，品质修养。一个正常的、健康的女人，温柔在她身上作用无穷。

女性的温柔是民族遗风、文化修养、性格培养三者共同凝练所致。一个女人，善于在纷繁琐事忙忙碌碌中温柔，善于在轻松自由欢乐幸福中温柔，善于在柳暗花明时温柔，善于在负担和创造中温柔，更善于填补温柔、置换温柔，这些是一个女人美丽的不可轻视的艺术。

温柔是一种美德，一种足以让男性一见钟情、忠贞不渝的美丽。的确，在男人挑剔的眼光中，盯着女人的才能同时心里还渴求温柔。在充满浪漫与憧憬的青年时代，外貌或许会占上风，可当从感性回到理性的认识中来就会越发明白：温柔比漂亮可爱。事实上也是如此，在季节的变迁、时间的轮回中，漂亮的外表会失去光泽，而温柔将永驻。这自然形成的女性温柔古往今来给人间带来多少深情挚爱、温馨和谐，让人难忘。

平平常常的日子，善于表现温柔，日子便过得有滋有味。复杂艰难的工作事业，学会温柔，循序渐进的工作事业便有不少新的创意。

上班、工作、休息、吃饭、一言一行、一颦一笑、一举手一投足……女人温柔的手会时时光顾。

恋人的温柔似雾似花，有一份浪漫。恋人的温柔又如催化剂，催促着爱情的花果早日绽放成熟。夫妻的温柔像一缕春天的阳光，像轮秋夜的明月，为生活平添着温馨和明净。夫妻的温柔又若高强度的凝结剂，为点点滴滴凝结的时光点缀着幸福。朋友的温柔是智慧的馈赠，会在困境里产生韧性的向上，得意时流露出成功的洒脱与飘逸……

温柔如风，可拂去心绪上的烦恼与忧愁；温柔似雨，可滋润心田上的干渴与浮尘；温柔像虹，能映照自暴自弃之人。男人需要女人温柔，正如女人需要男人阳刚一样，这是心理和生理的差异造成的，也是男人和女人之间的互补性要求。温柔是美德，是理解，是关怀，女人温柔一点无疑会给爱情加点巧克力。

女人，最能打动人的美丽就是温柔。温柔像一双纤纤细手，知冷知热，知轻知重，只轻轻地这么一抚摸，受伤的灵魂就愈合了，昏睡的青春就醒来了，痛苦的呻吟就变成甜蜜幸福的鼾声了。温柔是女人特有的美丽。

看一个女人善良不善良，就看她是不是温柔。人总是以善为本，如果善良是平静的湖泊，温柔就是从这湖上吹来的清风。一个不温柔的女人根本谈不上善良，就算她有倾城倾国的容貌再加上一千条优点和一千种特长，也绝不是美丽的女人。

温柔里包含着深刻的东西，这就是爱。这种爱之所以深刻，是因为不是生硬地表演出来的，而是生命本体的一种自然散发。温柔可不是娇滴滴、嗲声嗲气。这里有真假之分。娇滴滴、嗲声嗲气是假惺惺，是故作姿态。而温柔是真性情，是从内心深处生长出来的东西。

温柔说不清，道不尽，难以用文字描述其韵，是一个女人由内发至外的美丽之处。

不依不靠，撑起一片天

英国哲学家培根说过："人的命运，掌握在自己手中。"其实，在我们自己的"思想王国"之外，根本就没有什么"命运女神"。我们就是自己的"命运女神"，我们控制、主宰着自己的命运。

在生活中，我们经常可以看到，有些女性虽然貌不惊人，但自立自强，她们不依不靠，独自撑起了属于自己的一片天空，让人肃然起敬。

身残志坚的张海迪是一个敢于向命运挑战的人。她5岁患病，胸部以下全部瘫痪。在残酷的命运挑战面前，张海迪没有沮丧和沉沦，她以顽强的毅力和恒心与疾病做斗争，经受了严峻的考验，对人生始终充满了信心。她发奋学习，学完了小学、中学的全部课程，自学了大学英语、日语、德语等，并攻读了本科和硕士研究生。1983年，张海迪开始从事文学创作，先后翻译了《海边诊所》等数十万字的英文小说，她创作的《生命的追问》一书出版不到半年，重印三次，并获得了全国"五个一工程"图书奖。此外，她还完成了一部长达30万字的长篇小说——《绝顶》。

像张海迪一样的女性还有很多。虽然她们战胜命运的方式不同，她们的精神却相同，她们都具备不怕困难、不怕挫折、敢于向命运挑战的精神。

每个人的手中都握着失败的"种子"，但也有着迈向成功的潜能。你有权选择卓越，也有权选择平庸，没有任何人或任何事能强迫你，就看你如何抉择。需要肯定的是，任何时候都不要说没有希望，自己的命运只由自己掌握。

是的，女性和男性一样，同样可以顶天立地，同样可以创造属于自己的辉煌人生，所以女性一定要对自己有一个肯定的评价，期待自己有更加辉煌的事业，有更加光辉灿烂的未来，认为自己具有超凡潜质，可以成为卓越人物。如此，我们就会感到有一种强大的动力，推动着我们去掌握和创造自己的命运。

气质高雅更具女性魅力

对于女人来说，容貌美并不等于她的仪表美、气质美。相反，有些女孩相貌平平，但由于她有优美的风度，特殊的气质，反而显得吸引人。

女人是美丽的。女人的美丽是一种挡不住的诱惑，是一种说不清的魅力。女性真正的美主要体现在她们身上具有的特殊气质，这种气质对人有着异常的吸引力。

人们知道，气质是一个相对稳定的个性特点以及风格。一个女人，无论聪慧、高洁，还是粗犷、恬静，都能让人产生一定的美感。相反，那种刁钻奸猾、孤傲冷僻，或卑琐萎靡的气质，除了使人厌恶之外，没有什么美感可言。

在现实生活中，有相当数量的女性只注意穿着打扮，并不怎么注意自己的气质是否合乎美的标准。诚然，美的容貌、入时的服饰、精心的打扮，都能给人以美感。但这种外表的美总显得浅淡短暂，如同天上的流云。如果是有心人，则会发现气质给人的美感是不受年龄、服饰和打扮所制约的。而真正的美首先来自气质。

女性的气质美首先表现在丰富的内心世界里，理想则是内心世界丰富的一个重要方面，因为理想是人生的动力和目标，没有理想和追求，内心空虚贫乏，是谈不上气质美的。品德是女性气质美的一个重要方面，为人诚恳，心地善良，对爱情专一，是中国女性的传统美德，也是现代女性不可缺少的品德。一定的科学文化知识会使女性气质大放异彩。因为科学文化知识既是当代女性立足社会之本，也是自身修养的一个重要方面。再者，女性的文化水平在一定程度上影响着家庭生活气氛和后代的成长。

气质美看似无形，实则有形。它是通过一个女人对待生活的态度、个性特征、言语行为等表现出来的。气质美还表现在举止上。一举手，一投足，待人接物的风度，皆属此列。人和人之间初交，互相打量，立刻产生了好的印象，这个好感除了言谈之外，就是举止的作用了。举止要热情而不轻浮，要大方而不造作。

女性的气质还表现在温柔的性格上。这就要求女性注意自己的涵养，要忌怒、忌狂、忍让、体贴。那些盛气凌人、傲气十足的女人，会使大多数人敬而远之。温柔并非沉默，更不是逆来顺受、毫无主见。相反，温柔的性格往往透露出天真烂漫的气息，更易表达内心感情，富有感情的人更能引起别人的共鸣。

高雅的兴趣也是女性气质美的一种表现。爱好文学并有一定的表达能力，欣赏音乐且有较好的乐感，喜欢美术而有基本的色彩感，热爱舞蹈有一定的舞蹈素质，其他如游泳、滑冰、栽花、养鱼、编织、缝纫等，都会使女性的生活充满迷人的色彩。

有许多女性并不是传统意义上的大美人，但她们身上却洋溢着夺目的气质美：科学工作者的认真、执着；教师的聪慧安详；作家、诗人的洒脱、敏锐；企业家的精明、干练；个性劳动者的勤快、自信；大学生的好学上进、朝气蓬勃……这是真正的美，和谐统一的美。

追求美而不亵渎美，这就要求每一个热爱美、追求美的女人都要从生活中悟出美的真谛，把美的形貌与美的气质、美的德行结合起来。只有这样，才能获得真正的美，才是真正的美。

即使不是天生丽质，做个迷人的女人也不难，那就是让女人身上具有独特的气质之美。每个女人身上都具有一些不为人知的优点，都有些甚至是自己都不十分清楚的闪光点，把这些优点显现出来，就可以为自己赢得出色的气质之美。

个性鲜明，充满魅力，这永远都是女性出色的保证。女性知道把优雅迷人的气质当作财富，以人格魅力为中心形成一个独特"磁场"，吸引志同道合者与她们共创美好的事业。

成熟、优雅的气质，无疑是女人生命中最美丽动人的风景之一。出色的女性往往都具有独特的气质，她们的着装打扮、言谈举止，都表现出一种与众不同的风格，这风格就是她们各自独特的气质美。这种优雅迷人的气质表现她们的魅力，传达她们的信念和原则。从某种意义上讲，女性的气质既是一种力量，又是一种财富。她们的一举一动，一颦一笑都会令她们向成功靠近一步，从而"赢"得出色与完美。

优雅地呈现自己，你本来就很美

女人的外在美犹如镜中花、水中月，岁月无痕，娇容不再。而优雅的女人的魅力在于气质、情操、心灵以及成熟的美。这种美像陈年老酒，愈久愈醇，香飘万里。

真正的优雅是一个人性情气质的自然流露，是模仿不来的，模仿仅是东施效颦，伪装只能伪装一时。"一夜之间可以出一个暴发户；但三代也不一定能培养出一位绅士。"是的，绅士不是一夜之间造就的。同样，女人的优雅也是模仿不来、着急不得的事，它不同于时髦：时髦可以去追赶，可以花大钱去"入流"。优雅却是一种恒久的时尚，它是一种文化和素养的积累，是修养和知识的沉淀。从一个女人优雅的举止里，我们可以看到一种文化修养，让人赏心悦目。如果女人是精致优雅的，那她的精致是掩藏不住的，浑身每一个细节都会流露出来。

优雅，对于一个女人来说，是一种生活状态。我们的日子是过给自己的。其实选择什么样的生活方式并不重要，重要的是快乐、舒心、自在就好。女人，更需要以一种从容不迫的态度来对待生活，需要一份内心的安宁。这种安宁，不但使女人的生活透露着精致、平和、健康，而且滋养了女人。女人，就这样被潜移默化成一道优雅的风景。

优雅的女人，对待生活始终有一颗平和宽容的心。她处事淡然从容、不张扬，待人接物大方周到，知道享受生活，懂得把握自己，面对自己无法掌控的命运和遭遇时，她懂得用冷静来适应一切，用释怀来接受一切，正视生命中的不可逆转，去感受生活中一丝一毫的美丽。真正优雅的女人，不是像只刺猬一样张牙舞爪，更不是像只蜗牛一样故步自封，而是一番历练过后的淡定柔韧，是风雨过后的高贵内敛。

提到优雅，很多女人想起了香奈尔这个名字。就是拥有这个名字的女人创造了属于女人的优雅的奇迹。香奈尔系列香水和服装的诞生，具有开创性的历史意义，它典雅、简约的美感几十年来征服了全球数亿女性的心。值得一提的是，香奈尔是一个极优雅的女性，她的一张照片里，浅黄色的头发温柔地盘在脑后，修长的脖子好像天鹅的脖子，一件宽松的针织罩衣，显得她格外幽雅美丽。女人的时尚、女人的优雅，让这个世界更加美丽缤纷。

那么，怎样才能做一个优雅的女人呢？

要明白优雅不是一朝一夕可以速成的，它迷人的背后是深厚的文化底蕴。女人要优雅，就要得其精髓，必得增长自己的知识，将优雅之树的根深扎在文化的丰厚土壤之中，这样才能使它长盛不衰。优雅的女人，必定是心灵纯净的人，净化心灵的最好办法是吸取智慧，吸取智慧的最好办法就是读书。读书不仅增长了你的知识，拓宽了你的视野，更重要的是修炼了你的气质，加厚了魅力的深度。读破万卷书的人，心中就会清澄明镜，做事像一涓细流淡雅清纯。知识能够改变命运，同样，知识可以培养女人的优雅。所以，要想做一个优雅的女人，就要多读一些书，不断地充实自己，完善自己。读书，大有益于个人的谈吐；读书，可以提升一个人的品位；读书，可以使人从自我的境界进入另一个世界。喜欢读书的人，塑造了一个清新的自我，为自己创造了一个不同寻常的氛围，优雅会在不知不觉中产生。

优雅的女人还要有自己的职业或工作。优雅的女人不是没有自我的花瓶，不是依附在高枝的小鸟，不是攀岩的凌霄花。她独立、自信、自由，她因为热爱自己的工作，全情投入，自我价值得以实现的时候，才会自然流露出一种自信。自信的女人都有一种迷人的风采。她有了自信勇于独立做事，表现出一种特有的自由，有一种小女人没有的大方之气。从事自己所热爱的工作是一种幸运，热爱自己所从事的工作是一种幸福。幸运不是每个人都能遇到的，幸福却是大家都可以追求的。优雅的女人一定是幸福女人，幸福的女人需要优雅，追求幸福就是追求优雅。

优雅的女人无论在什么场合都得注意保持自己优雅的形象，注意自己的言谈举止，尤其要注意在家庭中保持优雅。当优雅成为一种习惯而表露出自然的气质时，这位女性一定显得更加迷人、温柔。

第二章

活出自我，

只为你眼中的自己

自信的女人才是自己思想的主人，是独立的思考者，她的所作所为，完全是出于她自己的选择。有个性才有灵性，个性让女人与众不同。在越来越突破性别的社会中，女人如何树立起自己的个人品牌，取胜于高手如林的人才社会？如何成为大赢家？

坚持活出自我，做人格独立的女人

有人说：人格独立的女人才算精品女人。在事业上有主见，不受他人摆布；在生活上有自己的圈子，不会因脱离男人而孤独。既要做个乖女儿，又不能对父母言听计从；既要做个温柔的妻子，又不能对丈夫俯首称臣；既要做个和蔼的母亲，又不能视孩子为"小公主""小皇帝"。这样的女人才能被称为真正的现代女性。

女性的真正魅力首先就是要在人格上独立，新女性应该有完整独立的人格。

一个女人可能长得很美，可是当她面对他人时没有自我，处理事情时没有主见，这样的女人就算长得再美，也是会被人轻视。一个没有自我，没有人格独立性的女人，在生活中是个转盘，在工作上是张便条，在感情上是个傀儡，还会有什么魅力可言呢？

一个人格独立的女人是知道自己应该做什么不必做什么的；一个人格独立的女人绝不会自己看轻自己，更不会让别人看轻自己。

当一个女人真正做到了人格上的独立，能用一种平和的心态看待世间的人和事，正确地对待生活中的得与失，知道了自己为什么而活，理解了生活的真正意义，体会了爱的真谛，她便能很好地把握住自己，控制住自己，拥有个性十足的自己，拥有完美幸福的人生。这样的女人，不单单懂得人格的独立，她还能做到经济、思想、能力上都独立，因为她明白一个道理：世间一切美好的东西都不能依靠他人的施舍和给予，而只能靠自己得到。

在这个经济发展快速，人们生活水平日益提高的社会群体里，女性更要懂得实现人格独立。面对外面精彩的世界，面对灯红酒绿的诱惑，面对渴望享受的欲望，你能不能做到人格的独立，做到自尊、自爱、自重十分重要。不做凌霄花，靠别人而存活，靠借别人的"高枝"来炫耀自己；不做痴情的鸟儿，为别人"重复单调的歌曲"，一味地付出自己。而是像木棉一样，"作为树的形象"活出自我的风采，追求人格独立，地位平等。

《简·爱》的主人公简·爱从不愿放弃自己做人的尊严，敢于反抗傲慢无礼和专制自私的男人。虽然寄人篱下，她也敢于为了维护人格的尊严而怒斥虐待她的表哥。后来又在寄宿学校里为了维护自身的尊严，她强烈地反抗学校里专门摧残女孩子的冷酷虚伪的校长。而当她面对爱情时，又理智而果断地拒绝了表哥约翰的求婚，她不想成为这种没有爱情的婚姻的牺牲品，更不想把自己变成男人的附庸。她对爱情有独特的理解，认为爱情的前提不是门第，也不是金钱，而是人格的平等。

而后在面对与罗切斯特的恋情时，也不愿以情妇的身份留在他身边。面对罗切斯特的苦苦挽留，简·爱不屈服地回答："我关心自己，我越是孤独，越是没有支持，我就越尊重自己。"简·爱对爱情的选择，体现了她作为女性对人格独立的追求。也正是因为她人格上的魅力让千千万万的女人成为此书的忠实读者，并把简·爱作为自己的偶像。

能与此书产生共鸣的女性也必定是追求和向往人格独立的女性。

当我们追求幸福的时候，当我们遇到挫折的时候，当我们面临人生的重大选择的时候……人格独立意识将显得尤为重要，因为只有人格的独立才是我们立足社会的前提，人格的尊严体现了对我们自己的尊重。

尤其是女人，更要自己尊重自己，追求人格的平等。

你是最优秀的，你就是女王

女人的自信是一种心态，在女人众多的优雅品质中，"自信"应该列于前位。一个缺乏自信心的女人是没有魅力的女人，也不会是优雅的女人。自信让女人神采飞扬，令普通的装束也平添韵味；自信给女人以优雅的气质，使出色的女人更加光彩夺目。

自信，源自对自己现状的肯定。现实生活中没有完美的人，我们只是在不断追求完美，所以，整体形象的优雅比任何局部的美都重要。自信，是一种精神状态。它使人的内心充满睿智，形象雍容典雅、光彩逼人。自信的女人从容大度，挥洒自如，目中投射出安静、祥和、坚定的光芒。

相信自己，坦然面对现实，自然流露出优雅。

学会自信，还要学会正确的自我欣赏。自我欣赏绝不是自恋，它是对自己理智的、客观的认识所散发出来的自信。而这种自信会使女人在为人处世上表现出从容、大度、优雅的气质，不会陷于世俗的旋涡中。

能正确自我欣赏的女人，大多是有智慧、有修养的女人，她们既开朗又内敛，既聪明又有内涵，在她们身上最能体现优雅女人的本色，她们不盲目自卑，更不盲目自大。

在市场经济分工越来越细致的今天，个性已成为女人必备的品质，保持鲜明的个性，是女人魅力的又一砝码。个性决定了你是否具有创新精神，能不能在事业上获得成功。

对某些有个性的女性的研究表明，特殊的性格在她们辉煌的人生轨迹中占有十分重要的地位。有些性格帮助她们认识特殊事物，有些性格成为她们从事某种职业的必备，还有些性格成为她们迷人魅力的不可或缺的重要组成部分。

就生活中的绝大多数而言，女人的身上都闪现出一种豪爽的个性之美。她们乐观开朗而又富于激情，意志坚韧而又精明强干，豁达豪爽而又自信自强。

自信是无价之宝，它能影响你周围的朋友、同事，能让你坚持正确的观点。自信是成功的源泉，如果一个人不自信，那他就不会有所作为。

豪爽的女人，敢笑须眉不丈夫，敢为天下先。现实生活中，很多这样的女性用实际行动告诉了世人：一个自信的女人，已经向成功迈出最重要一步。

女人应该具有独立自主的精神，拥有主见和见解，拥有自己的观点，不要人云亦云；应该勇敢地向常规发起挑战，不要满足于现有的结论，善于并且勇敢地怀疑权威的东西。

培养自信心也是有方法的，现在就介绍几种。

约束自我，务必忍耐、等待，绝不灰心，告诉自己"我拥有创造优秀人生的动力"。

深信不久的将来，愿望一定能实现，相信自我暗示的力量。

将自己的"人生目标"明确地写在纸上，而后坚定信心，一步步向前迈进。

明白与正义、真理背道而驰的财富和地位是不会长久的。"成功不可以建立在别人痛苦的基础上"，应有体贴之心，抛弃憎恨、嫉妒、任性。

自信的女人，不一定是女强人，但一定是强女人。自信的女人或者刚强，或者柔弱，更多的是兼而有之。

自信的女人拥有的东西不一定很多，她们最大的财富就是自信，这是一份永远不会被外人夺走，永远属于自己的财富，也是女人美丽的源泉。

你的眼里只有你，不要活在别人的眼光里

现代女人也要有独立意识，要想获得别人的尊重，首先自己要看重自己。当男人和独立的女人生活在一起的时候，他感觉到自己拥有一个平等的伴侣。当你放弃自己的日常活动时，他就会慢慢对你失去兴趣。此时，他不再认为自己得到的是一件珍宝，而是开始把你视为额外的负担。

女人首先要做的，就是把注意力和精力转移到你自己身上。你必须培养与你的男人无关的兴趣，就像你还不认识他的时候一样。对于男人来说，对自己的兴趣和活动满怀热情的女人，更让他们动心。这些事情并不一定是他感兴趣的，只要是你自己感兴趣就行。

一旦拥有自己的生活，你就不会显得性情急躁或是没有耐心。如果

不再为担心失去而紧张，你就去掉了等式中的"需要"因素。你不再显得极度需要他的感情，这样一来，在失去活力的关系中，你与他的对抗态势将马上发生改变。

如果你希望重新恢复较量，那么，继续从事他介入你的生活之前的那些活动，是绝对必要的。当你第一次告诉他，你要做其他计划好的事情，不能去见他，就会引起他的注意了。这会让他措手不及，还会令他苦恼。

如果这种行为看似日常活动，但真的会让男人惊慌失措。那么，你可以参加健身、艺术培训班等任何一件事，都可以达到预期的效果。

无论你做何选择，只要你对除了他之外的某件东西充满热情，都可以使他回心转意。他会再次问他自己一个问题，这个问题在和你约会的第一周曾经问过："她怎么想做那样的事？她什么时候才可以和我待在一起呢？"

如果你不会为了和他在一起而放弃自己的一切，给人的感觉是你有更重要的事情要做。这将提醒他注意你的价值，这也往往是他步入你的生活轨道的开始。

要个性，更要女人味

女人虽然要有自己的个性，但追求个性不等于完全我行我素，为所欲为，在追求个性的同时，不能忘了做女人的根本，那就是要时刻充满女人味。

许多女性，往往误以为仅仅靠着刻意的打扮、精心设计的形象、伪装的亲和力、自我吹嘘的权威身份，就可以吸引众人的目光。事实上，往往许多事情并不是想象中的那样。

真正的魅力是最深刻的撼人力量，往往来自千锤百炼的实践，是经过多少尝试、多少思考、多少百折不回的历练，方才焕发出的青春气息。

真正的魅力，需要时间的陶冶，更需要智慧的修养。然而，有魅力的女性，所焕发出的光彩当中，最持久、最深刻的一种便是贤德宽容。

由此可见，女性魅力的内涵其实包括了一个人的智慧、见识、修养和能力等许多层面。

一个女人的胸襟、气度、包容力以及眼界、才华、资质，都是由内而外散发出的魅力。

如今，才女在公共领域中的优势愈显突出，那种传统的以貌取人的时代已日益离我们远去。社会不再只强调对女性做单一评价，而更加注重对她们综合素质的评价。

容貌的美犹如水中月、镜中花，只能在众人的感官上留下短暂的美感，而内在美、气质美却可以延缓衰老并使人永远年轻，在众人心目中留下的是无穷的回味、永久的回忆。

若在一个女性的眼里，只知道穿衣打扮和逛街这两件事情，那她根本算不上是一个有魅力的女性。她生活的内涵是空虚的，她人生的底蕴是单薄的。只有再加上"智慧"二字，才能把一个现代女性与魅力联系在一起。

智慧其实是现代女性不可或缺的养分，缺少了智慧，贤淑便无从谈起，更谈不上什么魅力了。秀外慧中恰到好处地解释了这个浅显的道理。智慧是与人的领悟力相关的，大至人生哲学，小至生活常识，悟性使你面对大大小小的问题时能够把握分寸，能够理智地选择。智慧固然在很大程度上取决于一个人的价值，却绝不是天生的，学识、阅历并善于吸取经验教训会使一个人迅速智慧起来。

智慧就这样一点点地从内心雕琢一个人，塑造一个人。智慧使女人能真正把握好自己，并获得从容自信，最后从周身透出脱俗的气质，使之从人群中脱颖而出。

智慧的女人是温柔的，智慧的女人是美丽的，智慧的女人是超脱的。

充满睿智的淑女犹如一杯醇厚的佳酿，外表深不可测，喝一口下去，滋味却在喉头燃烧，叫人回味无穷。

总之，丰富自己的内涵，不断学习，掌握各种技能，提高自己的生活品位，让你的人生充满智慧，是现代女性的选择。

女人一定要有内涵

浅薄的女人只会让人一览无余，而有内涵的女人却能让人仔细品味，回味无穷。

有一种女人，年少的时候并不美，她像一块平淡无奇的鹅卵石，陪衬着光彩夺目的名玉。可是随着时光流逝，她褪去了青涩，过滤掉渣滓，留下来的是云清月朗的本质。这种女人便是有内涵的女人。

有些女性的外表并不漂亮，也算不上天生丽质，但她们的举止十分得体优雅，举手投足，或一颦一笑都让人赏心悦目。女人拥有内涵比外在美更重要，女人可以不美丽，但一定要有内涵。

内涵、修养与智慧是女人一种简单、纯净、平衡的心态。一个有内涵的女人是对人生感悟的一种平衡，它是中国文化的自身修养，是在淡泊世事之后，才会洞明凡尘，是在清心内收之时，才会高瞻远瞩。

一个有修养的女人不会随岁月的流逝而失去光泽，却会越发显得耀眼迷人。智慧是女人美丽不可缺少的养分，是充满自信的干练，是情感丰盈的独立，是在得到与失去之间心理的平衡。

内涵、修养与智慧将使女人在一生中都会散发出无穷的魅力，是一生取之不尽的巨大财富，是伴随你一生永远亮丽的风景线。

作为女人，你要笑看岁月的逝去，即使青丝变白发，也要从容面对，去追求自己生活的乐趣，哪怕自己的身心一次次受伤，哪怕自己的生活一次次受挫，让我们的宽容更加呈现出经历沧桑之后的美丽，更显示出成熟女人的内涵、修养与智慧，让自己青春永驻。让幸福与快乐永远伴随我们一生。

那么，怎样能帮助我们丰富内涵呢？

一、多看点书

女人一定要爱读书，在名著中寻找生命的价值和真谛。世界有十分色彩，如果没有女人，世界将失去七分色彩；如果没有读书的女人，色彩将失去七分的内蕴。爱读书的女人美的别致，她不是鲜花，不是美酒，她只是一杯散发着幽幽香气的淡淡清茶。

二、多听音乐

音乐让美有了声音，让心灵得到安静或激发。如果女性生活中能多点音乐，那么她的生活一定就能多点精彩。

三、及时给自己充电，跟上时代步伐

"腹有诗书气自华"，当今社会，随时"充电"是很必要的。不耻下问是美德，不要担心向比自己年龄小的人请教是很丢面子的事情。和不同年龄层的人接触才能知道各种信息。

四、广泛的知识面是人际关系的开始

涉猎知识最忌单一，只要不是特别抵触的活动应该学着参与。各种知识不用太精，略知一二即可，这样才能让自己和周围的人更好地交流，更多地了解。

五、语言要高雅得体

今天的美女，似乎早把"出口成脏"当成了时尚，随心所欲，旁若无人。请在想发泄的时候找对场所和对象。记住，"出口成脏"不是时尚。

六、不做琐碎的是非女人

把你的喜悦传递给别人，把你的烦恼只选择向真正会为你担忧而不是等着看你笑话的朋友倾诉。不要加入东家长李家短的是非讨论，女人们在一起其实也有很多有趣的话题：练习瑜伽的裨益；购物、美容的收获；烹饪和家务的心得；旅游的见闻和乐趣……从交流中开阔视野，从交流中放松心情。

七、再忙也要给自己一点时间

从爱自己开始，听听喜欢的音乐，做做皮肤护理，看会儿有趣的电视节目，读些感兴趣的书籍。只要自己喜欢就行，不一定要是旷世名著，

因为完全没必要附庸风雅，故作高深。即使忙得团团转也要做个干净利落的女主人，而不要让别人误认为是家里的保姆。提高生活的品质和品位，没有质量的日子只会让人面目全非。

一定要相信，美貌的女人不一定是美丽的，但是有内涵的女人一定是最美丽的。

爱笑的女孩，运气不会太差

微笑是彼此心灵沟通的钥匙，微笑能打开人们心灵的窗户。微笑是一剂镇静剂，能使暴怒的人瞬间平静下来，使紧张不安的人立刻放松下来。对自己微笑的人，她的心灵天空一片晴朗；对生活微笑的人，她会拥有美丽的人生。微笑，对于女性来说尤其重要，不同场合如果能恰如其分地运用微笑，不但会给我们带来良好的人际关系，还可以传递情感，沟通心灵，甚至征服对手。

如果你学会了微笑，并形成习惯，那么无论在什么时候都会为你带来好的效果。在心情好的时候，大方自然地微笑，为自己赢得更多的关注与掌声；在心情不好的时候，更应该保持微笑，因为微笑可以帮助自己在最短的时间内恢复心情，而且不会把自己不快的情绪传染给别人。

无论在什么情况下，都应该学会随机应变，用微笑来对待每一个人，还可以让人觉得你有良好的修养。

微笑，是自信的流露。脸上时刻挂着微笑的女人，让人备感亲切。她能够与人相处得很好，很容易与别人进行心灵沟通。一种内在的真诚的微笑，会为一张平凡的脸增添光彩。

微笑无须成本，却创造出许多价值。生活赋予了女人很多责任和义务，生活也赋予了女性面对困境的武器，这就是微笑。在困难面前，女人若能保持平和的微笑，从容应对，就能够战胜一切所谓的困难。微笑着面对诽谤，微笑着面对危险，微笑着面对坎坷崎岖的人生。当你用微笑面对世界的时候，所有的艰辛和磨难不但不能奈何你，反而更衬托出你从容不迫的风度。

女人应该怎样来用微笑面对人生呢？

一、要拥有达观的生活态度

女人拥有达观的生活态度是对自我生命的敬重，是为人处世中的豁达胸怀，是积极向上的乐观心态。达观的女人不会过分计较生活中的得失，不会为烦琐小事而苦恼，更不会愁肠百结。这样的女人才能在生活面前，展现自己发自内心的微笑。

二、要培养自己的幽默气质

能够微笑着生活的女人，应该是有些幽默感的女人，这样的女人能有效地传递出心中的喜悦，并感染大家，让大家快乐起来。聪明的女人懂得培养自己幽默的气质，来从容应对生活的坎坷。而幽默并非高不可攀，只要用心，每个女人都能够做到。

三、要学会热爱生命，热爱周围的一切

只有热爱生活，懂得享受生命的女人，才能让自己的人生充满欢乐。热爱生命的女人是一个善良的女人，热爱大自然、热爱周围所有的女人是一个高尚的女人。只有付出爱，才能收获爱，因此，聪明的女人懂得用自己的爱，换回别人的爱，能够在爱的播撒中，让自己的人生充满阳光。

四、要学会换角度思考

在遇到问题时多想想阳光的一面，不要沉浸在阴影里不能自拔。要学会用不同的角度看问题，看阳光的一面，就会得到最阳光的结果，而推开黑暗的窗子，看到的是无尽的黑夜。生活就是这样，你给它微笑，它会回赠你一分明媚的心情。

五、消除或减少负面消息的影响

当女人被生活的阴霾缠绕时，不要忧伤，更不要垂头丧气，因为越是在负面消极的情绪里走不出来，就越笑不出来，心态和情绪也就越低落，这是一个恶性循环的过程。因此，女人要懂得适时放手，让自己轻松起来，想一些高兴的事让自己笑起来。也许困难会在灵光一闪的时候轻松解决，聪明的女人明白，怨天尤人、坐以待毙对问题的解决是毫无帮助的，倒不如用微笑来积极改变。

六、要学会在周围寻找快乐，学会对自己微笑

只有女人心中充满快乐的时候，她的嘴角才会挂着微笑。生活中不是缺少快乐，而是缺少发现，因此，女人要懂得寻找快乐，从周围的环境中发掘快乐。女人还应该学会对自己微笑，在把自己打扮得很漂亮之后，给自己一个微笑；在圆满做成了一件事后，给自己一个微笑。甚至没有任何理由，女人都应该对自己微笑，当习惯了给自己笑容，女人就能够轻松地给别人微笑。

懂得微笑的女人，才能拥有灿烂的人生。

平淡从容，庄静自持

女性的美丽只是人生中一个很短暂的时光，而平淡从容的真性情才会伴随你的一生。

美丽的少女清纯可人，她们面若桃花，修长丰满的身材充满了青春的活力，飘逸的长发令人怦然心动。她们年轻、健康，对生活充满了美好的憧憬，男孩子的赞美追逐，更增添了她们的娇艳与自豪。但是，少女的美丽就像夏天的鲜花，虽然娇嫩欲滴，有时却经不起风吹雨打；随

着年龄的增长，随着婚姻生活的开始，家务琐事便会接踵而来，美丽的鲜花便会迅速凋零。

青春的花开花落使女人疲惫，四季的风花雪月让女人不堪憔悴，世事的纷乱，滚滚的红尘，磨砺着女人细腻柔软的心。迈过了30岁的人生，开始慢慢步出热烈、灿烂的青春季节，岁月不只是刻在女人的脸上，更沉淀在女人的心里。这时的女人，被一种淡然、从容、柔和的氛围所包围。淡淡的风、淡淡的云伴随的是淡淡的梦、淡淡的情，不再有年少时的无病呻吟。这时的女人更像一杯清茶，"落花无言，人淡如菊"，煎茶闻香，修身养性。

淡然的女人崇尚简单的生活，淡淡地来，淡淡地去，少而又少的出头露面换来的是灵性的清净，对人生、对社会的宽容和不苛求，得到的是自己内心的宁静和有条不紊。

淡然的女人对工作和事业不断地努力，足以维持体面，但不忘乎所以，女强人不是她们，因为她们知道，人生需要执着，但更重要的还是随缘。简单地活着，善良、率直、坦荡，就使女人有时间和心情去品评人生的况味，享受人生的乐趣。滚滚红尘中，淡然的女人拒绝练就那种放荡不羁的性格，爱自己胜过爱一切。

淡然的女人会在世事的牵累、终日的忙碌中，偷出空闲来修饰自己、滋养自己，用自己淡然的心境去呵护那长长的秀发，呈现出来的是清晨阳光般的笑容、端庄的气度、深厚的内涵。白日的尘埃落定，灯下的女人会读一点书，看一段散文，修复日渐消退的灵魂，使自己依然温婉和悦。爱上一个人，千丝万缕的心事托付于他，温柔宽容地待他，岁月离合，执子之手，生死契阔。江湖之中，放达宽厚，修炼从容的情态、健康的心智。淡然的女人知道，爱恨情仇，恩怨得失，虽无法忘记，但可以宽容的心境面对，把沧桑隐藏在心底，让一切慢慢沉淀在记忆里。远离刻薄和庸俗，明白什么是爱，什么不是爱；什么是属于自己的，什么是不属于自己的。女人活着要有自己的目标，它可以大可以小，可以崇高也可以平凡，但不能没有。

淡然的女人像秋叶般的静美，淡淡地来，淡淡地去，淡淡地相处，给人以宁静，给人以淡淡的欲望，活得简单而有味道。这种淡然实在是一种人生难以企及的境界。

从容淡定的女人总是笑看人生。人生路上，她们会以矫健的步伐勇往直前，把欢乐和笑声传递给他人。她们是生活中的强者，也最具人格魅力，是最美丽的女人。

从容淡定的女人总是微笑着面对困难、面对环境。她不为日常琐事而计较，不为生活的压力而焦虑，不为现代人儿女情长的善变而烦恼忧郁。挫折面前，她告诫自己重新振作，适应新的处境；苦难面前，她命令自己跨过颓废，去拥抱新一轮的太阳。

从容淡定的女人是水，随着时代的进步，不断调整生活的节奏。在山涧小溪她是单纯清澈的水滴，在飞天瀑布她是奋不顾身的飞花碎玉，在浩瀚的大海，她又如汹涌的波涛一次次朝礁石撞击。

从容淡定的女人又是一幅画，一幅清新隽秀的山水画。无论外界风卷云涌、世事变迁，内心总是一派处事不惊、安详宁静的意境。

这样，任光阴荏苒，任青丝染成白发，从容淡定的女人总能追寻生活的乐趣，总能发现美丽的风景。哪怕身心一次次受伤，哪怕生活一次次受挫，随意的女人更加宽容、更加感恩，更加呈现出历尽沧桑却依然随遇而安的美丽。

做有良好礼仪修养的魅力女人

礼仪修养是一个从认识到实践的不断反复不断提高的过程。要使自己成为一个知礼、守礼、行礼的人，就要将礼仪化为行动，再贯彻到行动中去，从而达到提高修养、完善形象的目的。

个人形象主要是指一个人的相貌、身高、体形、服饰、语言、行为举止、气质风度以及文化素质等方面的综合表现。女性用礼仪来规范自己的言行、仪容、仪表，是展示个人良好形象的有效途径。

一个讲究仪表的女人往往具有高贵的气质，彬彬有礼的女人能使自身的美焕发出一种特殊的力量。优雅端正的体态，敏捷协调的动作，高尚文明的言行，适度大方的修饰，是女人所体现出的内在美与外在美统一的独特魅力。

礼仪看上去好像是外在的东西，但它恰恰是一个人内涵的体现。在日常生活中，我们常常通过一个人外在的举止，穿着打扮，以及待人接物来判断他的内涵。在交际中，那些行为有度的人，谈吐不俗的人，会让我们感觉如沐春风，而这些良好的感觉并不是建立在华丽名贵的衣着上，而是基于一个人的内涵，以及内涵的外在形式——礼仪。

礼仪遍布于我们生活的各个角落，每个人的生活。无论是在家庭里、社会上，还是在职场中，只要是涉及人际交往的场所，都有礼仪的存在。对女人而言，良好的礼仪教养能够帮助我们改善人际关系，让我们在人际交往中如鱼得水，左右逢源。美丽的外在形象当然重要，然而优雅得体的举手投足更能彰显女人魅力。

在这个竞争日益激烈的社会上，礼仪为整个社会带来一种和谐之美，也给女性增加了成功的机会。女人，懂得和别人交往的时候充分利用第一印象，为自己搭建一个良好的平台。而第一印象不仅仅依靠漂亮的五官、优美的身材以及得体的服饰等这些表象，更依赖于优雅的举止和熟练的礼仪，精心设计的自我形象，加上充满魅力的女性礼仪风范，会展现女人的教养和风度。

一个人金玉其外却败絮其中，行为举止粗鲁不堪，即使有再好的外表最多也就是个花瓶。这样的人也许可以给人留下美好的第一印象，但这种印象只是一个美丽的泡沫，很难持续下去，有可能在一开口的瞬间就将它破坏掉。只有将美好的外在形象和文雅的举止、得体的言行相统一，才能赢得每个人的赞许。

在日常生活中，女人一定会注重自己的形象，讲究礼仪的基本原则，在各种工作或社交场合保持女人应有的优雅风范。良好的礼仪修养是女人美丽、优雅的根本所在。

掌握基本的人际交往礼仪对我们自己很有益处。现代社会日益频繁和激烈的竞争，我们需要把握转瞬即逝的机会，而在对机会的把握上，不仅仅需要灵敏的洞察力，我们还要受到外界因素的制约，"一票否决"的情况往往成为我们最无奈的结果。而礼仪，却是改变这种现状的有效手段。从这个意义上来说，礼仪已成了今天社会竞技场上重要的砝码。掌握更多的人际交往礼仪知识，不但能够提高待人处世的能力，而且能够帮助我们抓住一闪而过的机会。因此，现代职场上的女性十分有必要掌握礼仪规范。

礼仪，其实也是一颗善心，因为它需要我们真心真意的付出，是建立在想让和自己交往的对方感到舒适、幸福、快乐的基础之上的。如果不熟悉各种场合的礼仪，或者举止不合时宜，那么我们的谈吐、举止会使他人失去对我们的信任和尊重。因此，一个懂礼仪的女人，首先是一个真心为他人的女人，她在举手投足、一颦一笑之间，道尽女人的无限魅力和风采。一个受人尊重的女性，并不一定是最美丽的女性，但一定是仪态最佳的女性。

礼仪，是对人的尊敬，也是对自己的尊敬。尊敬他人是获得他人好感并进而友好相处的重要条件。一个自高自大，忽略他人存在的人，是很难得到他人配合的。

一个女人在各种场合都应该让人感觉到自己的仪态，聪明的女人懂得了解和掌握职场、交际、生活中各种场合的礼仪标准和应该注意的禁忌，因此能够在任何时候都淡定从容，仪态万方。

女人要知道，自己是否有魅力不仅仅表现在外表的美丽上，更重要的是出自内在的气质、修养，这些才是一个女人美丽、优雅的本色所在。一个女人如果注重自己的形象，讲究礼仪的规范，无异于从更深层次给自己化了一次妆，这种看不出的妆，却能让别人感觉得到，体会得到，因为它是女人内心世界的一种体现。

正确地追求"颜值"

爱美是女人的天性，追求美丽是女人天性的自然体现，这是很正常的事情。但追求美丽的形式却是多种多样的。

还记得这个故事吗？

一个小女孩趴在窗台上，看窗外的人正在埋葬她心爱的小狗，不禁泪流满面，悲恸不已。

她的祖父见状，连忙引她到另一个窗口，让她欣赏他的玫瑰花园。果然，小女孩的愁云为之一扫，顿时明朗。

老人托起孙女的下巴说："孩子，你开错了窗户。"

女人在追求美丽这个问题上也经常开错"窗"。

在很多人眼里，女人美丽的全部意义就只在吸引和操纵男人，偏偏对女人美丽的意义又只有色相这种狭隘的理解，于是许多女人不管是青春年少还是徐娘半老，都拼命地想用姿色迷倒众生。说穿了，要单纯以姿色媚惑男人心，还真是要趁年轻美貌的时候才会奏效。于是，女人们往往还在少年时就早早生出"一朝春尽红颜老，花落人亡两不知"的恐慌，想尽办法挽留其实只是女人生命中的匆匆过客的娇妍姿容。

有位著名的艺术家曾说过："作为男人，我们其实更盼望看到这样的女人：她可以长相平凡，只要她会微笑，平易近人；她可以身材一般，只要她举止得体，仪态动人；她可以经济贫穷，只要她会采撷野花，灵气感人。甚至，她不必做多少装饰打扮，真的不需要穿金戴银，点珠缀玉，只需收拾清爽，通体干净，一样能让人感到一个山明水秀的佳人。"其实男人的眼睛是雪亮的，他们明白，整出来的美丽终究是假的，没有生动表情的脸只是一张皮，没有生机的身体只是一个躯壳。在手术刀下耸起的胸脯、展平的脸皮，只是对美丽的模仿，对真实的冒充，是对男人也是对女人自己的欺骗。

追求美丽不是过错，问题是，你是否读懂了美丽的真谛。花那么多的金钱、时间，付出那么多的代价打拼出来的"美丽"是真的还是假的？没有富于灵性的生命力的花，是干花、纸花。

女人美丽，目的是让自己一生骄傲、自信、有尊严、有质量地活着，而不在于吸引男人猎艳的目光。明白了这一点，那些本来就为猎艳而来的目光的淡去与冷落对你的生命与生活又有什么妨碍呢？

女人一生的美丽是那样的丰厚，那样的多姿多态。红颜如花，含苞有含苞的娇柔，盛开有盛开的艳丽，飘落有飘落的优雅。所以，不要开错美丽的窗，调整心态，与美丽同行，正视自然流逝的时光，让每一个今天都有着恰如其分的美丽，才是对自己负责的选择。

追求美丽虽然不是过错，但也不要误入极端，把一些不健康的东西带到自己的身上。追求美丽的同时，别忘了把真善美的东西留住。

第三章

时刻怀着感恩的心

幸福，是一种感觉而不是视觉，别人看到的未必真是幸福，只有内心真切感受到了才是幸福。世上有很多事是无法提前的，唯有认真地活在当下，才是最真实的人生态度。

快乐常在，随心而动

人生的得与失，成与败，繁华与落寞不过是过眼烟云。而永远陪伴我们一生，如影随形、不离不弃的只有心情；如同呼吸，伴你一生的心情是你唯一不能被剥夺的财富。有句话说得好："人，活一辈子不容易，忧伤是活，开心也是活，既然都是活，为什么不开开心心地生活呢？"是啊，为什么要让自己幽怨、颓废、痛苦一生，而辜负这大好年华呢？

父母给予我们生命和爱，可他们迟早会衰老；孩子给我们满足和喜悦，可他们终究会长大；爱情给我们幸福和甜蜜，可我们必须付出一生的代价去呵护；金钱是水中的浮萍，时聚时散；美丽的容貌是绿树上芬芳的花朵，适时绽放、无奈凋谢；健康是魔术大师，能变晴也能变阴；繁华更像是梦一场，曲终人散，觥筹交错的热闹犹如水中影镜中花，没等看清，记住梦的内容，就醒了。原来，能伴随我们一生的是自己的心情。所以，拥有好心情便是人生最大的乐事、最幸福的事。

当你拥有一份好心情时，看天是蓝的，云是白的，山是青的，人是善良的，世界是绚丽多彩的；拥有一份好心情，唱唱快乐的歌，跳跳动感的舞，身体充满无限的激情；拥有一份好心情，有实现自己伟大事业自信的力量源泉；拥有一份好心情，能化干戈为玉帛，化疾病为健康；拥有一份好心情，任何年龄的容颜，都会被好心情照亮，美丽动人、魅力无穷；拥有一份好心情，能帮你获得学识，结交良师益友，把握机遇，缔造和谐，成就事业……

要想拥有一份好心情，必须心胸开阔，宽以待人。"开心常见胆，破腹任人钻，腹中天地宽，常有渡人船。"一个人有了如此宽广、豁达的心境，遇事就能"拿得起，放得下"，就能驱散忧虑、恐惧、烦恼、苦闷等萦绕心头的乌云，没有什么"想不开"的事，精神自然会轻松、愉快，心境自然会美好、宽广，就能大度处世，平和待人，营造融洽和谐的人际关系。

如果你渴望拥有健康和美丽，如果你想珍惜生命中每一寸光阴，如果你愿意为这个世界增添欢乐与晴朗，如果你即使跌倒也要面向太阳，就请锻造心情，让我们沉稳、宁静、广博、透明的心，覆盖生命的每一个黎明和夜晚。是的，上苍给予我们同样的生命，我们却选择了不同的生活方式。我们可能活得不高贵，但我们完全可以活得高尚；我们可能无法逃避厄运或遇到的棘手问题，但我们可以从容豁达。

心情，是一种感情状态，是一个人对外界各种因素作用于内心的一种感知、感觉和感叹。人只要活着，这种状态就不会消失。心情的历练，是一种自我的超越；心情的锻造，是一种完美的追求。世间百态，物欲横流，不为诱惑所动，不为攀比所烦，心情自然就会好。让好心情相伴一生，这才是人生最大的财富。

拥有了好心情，也就拥有了自信，继而拥有了年轻和健康，就会对未来生活充满向往，充满期待。让我们拥有一份好心情吧，因为生活着就是幸运和快乐。给自己一份好心情，让世界对你微笑；给别人一份好心情，让生活对我们微笑。

好心情不是先天的造就，也不是上苍的赐予，它由人格、品德、教养、才能综合指数酿造，它由渐悟到顿悟，由领悟到觉悟，它是修炼成正果。心情也需要不断呵护、调理、滋润、丰盈。

不在活得长久，而在活得富有，富有是开心，开心就是福，让好心情与我们时时相伴。

保持对生活的热情和新鲜感

人的情感有"喜怒哀乐"，为什么把"喜"放在第一位？笑也过一天哭也过一天，相信每个人都更愿意笑着度过每一天。偶尔遇到烦心事也很正常，只要记住让开心主导我们的生活，别跟自己过不去。

正是因为人是感性的，才让我们觉得选择是件痛苦的事情，其实我们的生命很简单，只是看我们选择什么样的方式去活着，而开心地过好自己的每一天是最美的生活姿态，可是又有多少人能够做到这一点呢？让开心主导我们的生命，你才会体会到生命存在的意义！

已看惯了太阳的东升西落，月亮的阴晴圆缺；习惯了春夏秋冬的冷暖，世间万物的改变；却很难看淡人间的悲欢离合、恩怨情仇，更难将伤心难过看得云淡风轻。当你把开心当成了一种习惯，就会发现你的开心可以感染很多人。

开心与不开心，都要过一天24个小时，何不开心地度过每一天呢？当然，没有哪个人在面对伤心和难过的时候还可以傻笑，但是，你却可以在最短的时间内去调整自己的心态。

人的一生，总有学不完的知识，总有领悟不透的真理，总有一些有意或者无意的烦心事闯到心里来，总之，一辈子不容易，千万不要总是跟别人过不去，更不要跟自己过不去。有人说，看别人不顺眼是自己的修养不够。想一下也是，因为每个人的出身背景、受教育程度、受社会影响都是不一样的，在你看不惯别人的同时，是否别人也看不惯你呢？所以，开心地去面对每一个人，要学会看别人身上的优点，学习别人身上的优点，别人的缺点正是你最好的反面教材，给你提出警醒。

开心不仅仅是心里的感觉，而是因为你有了开心的感觉，于是别人可以从你的脸上读到微笑，读到开心。如果你在生活中比较细心的话，就会知道世间最美丽的表情就是微笑。如果你天天想拥有世间最美丽的表情，那么请把开心当成一种习惯吧！

每个人的人生都会经历喜怒哀乐，不良的情绪会让你烦恼，会让你头痛，而开心地生活着，会让你觉得洒脱，既然这样，就请让开心主导你的生活，别再跟自己过不去了！

爱己才能爱人，爱自己更重要

我们时常在别人的感受和评价里丢失自我，时常忽略自己身上的闪光点，但是不论你要面对的生活如何卑微，也不要去躲避，不要用恶毒的话语去诅咒它，不要对自己产生失望的情绪。试着在每个阳光明媚的早上对着镜子说加油，试着在跌倒后勇敢地站起来，试着独立坚强地抹掉眼泪，试着告诉自己这个世界上没有谁比你更美好。是的，就是这样，无论现在的你是怎样，但这个世界上只有一个独一无二的你，因此爱自己才是最重要的。

经历过伤痛的人总是会习惯性地躲避伤痛，但是我们要知道，每一个伤痛背后都包含着一个生活的智慧，我们不应该与它对峙，而是要进入它、参悟它，最终领悟到生活的智慧。试着去触摸你的疼痛，试着温柔地关怀你的内心，最终你会抵达心灵深处，找到那个真实的自己。

爱自己就是要告诉自己，世界上总有那么一些事是我们无论如何都不能够完成的。也许在别人看来，这些事他们轻而易举就能够做到，但是对某些人来说，却是十分艰难。那么，你可以告诉自己，不行就是不行，你不能保证自己做一个十全十美的超人，也不能让所有人对自己满意，如果非要如此就必须让自己满身伤痕。所以，你只要在自己的能力范围之内做好自己的事，并且尽量将这件事做到最好。虽然你不是超人，但是你可以超越自己；虽然你不能让所有人对你满意，但你可以做到让一部分人对你满意。

人生有时候就是需要一些不完美，这些不完美有时候可能让我们受够冷眼，受尽委屈，但也是这些不完美，让我们看清事情的真相，明白这就是人生。我们可以勇敢地对别人说出"我不会""我不能"，当然，你不能把这当作逃避的借口和理由，你不能将此视为理所当然的事。我们不怕面对失败，怕的是失败了仍旧不思进取；我们也不怕面对冷眼嘲笑，怕的是面对这些早已麻木。

我们受过伤、忍过痛，但是如果这是成长必须的路，我们可以承受，也必须承受。因为只有如此，你才能真正成为自己世界里的女王，而不是生活在别人的故事里，流自己的眼泪。成为自己世界里的女王，并不是让你孤独地活在一个与世隔绝的环境中，也不是让你用孤傲的双眼看待这个世界，成为自己世界里的女王，目的在于培养自己的自信心，不要仰别人鼻息生活，不要把自己当成一个碌碌无为的人，不要在意别人的目光。你就是你，你可以自己在你的世界里活得很精彩，你在自己的舞台上演着自己的戏，台下的观众可以赞扬，可以谩骂，可以漠然……但无论别人的反应如何，能修改这部舞台剧的人只有你自己，只有你才能决定你现在和你未来的人生应该怎么继续出演，谁可以加入你的人生，谁应该离开你的舞台。

当你自己掌控了你的人生，你才能够学会怎么去爱自己。爱自己就意味着你的人生可以变得更美好，这无论对于谁来说，都是重要的道理，应该去铭记。

时刻怀着感恩的心

当父母用爱心把我们带到这个世界上的时候，我们同样也应该以爱心回报这个世界。

美丽的女人永远有一颗感恩的心。心中没有真正的感激之情，便不可能享有人生的美好。你若有心，则仅仅为了还活着，还能全力投入手边的工作，就该心存感激。你独一无二的存在是个奇迹，你寄寓的世界也是个奇迹。不必来到山巅才能激起你的感激之情，任何时候只要你稍歇脚步，凝神体会自己活在这地球上的事实，你的灵魂自会轻叹一声："谢谢。"

如果你想要拥有美丽，但怎么也想不起来这些篇章里所说的任何一种方法，那就专注于感恩的心吧。想一些令你觉得内心感激的事，让自己全心全意地沉浸其中；令你心怀感谢的或许是孩子的健康平安，或许是朋友对你从来不间断的关爱；也许你会为早晨能从舒适的床上悠悠醒来，并且有早餐可吃而心存感激；也或许你曾经历了长久以来种种自我毁灭的行径之后，仍能存活至今而感谢上苍。不要保留、不要抗拒，就让自己淹没在感恩的洪流里吧，女人的美丽就在其中。

时时心存感激，你的生命便是一篇有力的祷词。我们常以为祷告是向更大力量寻求帮助或恳请赐福，而在我们的生活当中，总会有些时候，会很需要外力的指引或帮助。然而"祈祷"这个词的本义其实是"称颂赞美"。人类自古便知道，以祈祷感谢上苍创造万物，并歌颂生命的美好。这样的祈祷，是传送人类感激之情的通道，连接我们与自身对生命的热爱，并提醒我们，美丽其实一直源源不绝地降临在我们身上。

地球赐予我们立足的家园。空气让我们呼吸生息；水使我们活命维生；阳光为我们保暖，并照亮我们的道路。感恩，让我们回归平衡的生命。

如果你就坐在窗户旁，看看窗外，仔细瞧瞧那些绿树，或是和你在这个星球上做伴的人们，或是让你得以看见眼前美景的日光，然后说一声"谢谢"，大声地说，你会觉得很舒服，你的脸上会出现微笑。

如果你在家里，冰箱里又正好装满了大地慷慨供应的各色食物，打开冰箱门，看看这些种类繁多又有营养的美味多么令人激赏赞叹，然后说一声"谢谢"。

来一个深呼吸，感觉空气流入你的肺囊，为你的躯壳注入生命。吸气，同时也供应你每一次的呼气，这是天地间为使你生存下去的完美组合。再一次吸气，然后说"谢谢"。

当你感谢世间的一切的时候，你的心情也会随之愉悦起来。

享受当下，美好不一定在远方

天有不测风云，人有旦夕祸福，人生很难有完美的旅程。生活中总有让人觉得不如意的时候，女人要学会寻求快乐，适当地激励自己，调整心境。其实快乐无处不在，生活中时时充满快乐：买到自己喜欢的漂亮衣服；吃到自己想吃的美味食物；想睡的时候，睡一大觉；想玩的时候，尽情去玩；有自己喜欢的宠物；有无话不谈的知己……只要有其中之一，能够随心所欲，就可以算有快乐的理由了。

在生活里，有许多东西是人无法改变的，或者说，与其你要改变生活里别的东西，不如改变自己。事实证明，名利思想过重的人，容易患病、衰老和早亡，这类人整日心事重重，愁眉苦脸，几乎没有笑容。名与利本身不是坏事，它可以促使人奋发向上，问题就在于以何种思想来指导名利观。当你从事某项工作获得成功时，如果首先就想到名和利而却又得不到满足时，心理就会失去平衡，产生消极、悲观、愤怒的情绪。

快乐的女人并一定有很多钱，但有的是闲暇、闲情；也许你没有闲暇、闲情，但有的是力量，有充沛的精力与体力，有健康的身体和有价值的生命，有心智来创造愉悦和激情。快乐的女人，首先要做的，就是做自己最喜欢做的事。

幸福是一种心理感受，与年龄、性别和家庭背景无关，而是来自轻松的心情和积极的生活态度。以下就来介绍一些可以让女性朋友快乐的方法。

建立自信心。生活中，得与失时常发生，并直接影响到我们的心境。所以，建立起自信心是十分必要的。那么，怎样才能建立起自信呢？我们要相信自己，要坚信自己能够成功，每时每刻都保持一种向上的最佳精神状态。

正确认识人生和世界。视野广阔、胸襟开朗和有见地是生活快乐、充实、懂得珍惜和享受人生的基础，尽管有时因生理的节奏或天气、健康的影响而导致出现短暂的情绪低落，也会很快恢复过来。

把自己融入团体之中。人在无聊寂寞的时候，容易胡思乱想、情绪低落。在工作、学习和家庭生活之外，把自己融入团体之中过群体生活，不仅可以学会与别人相处，还可以让自己更快乐。

培养兴趣。人生多姿多彩，如果我们能够在生活中寻找到并热衷于培养兴趣爱好，那么，不仅个人生活更加丰富，而且会越来越觉得每一天都过得很有意义。

不抱怨生活。快乐的人并不比其他人拥有更多的快乐，而是他们对待生活和困难的态度不同，他们从来不会在"生活为什么对我如此不公平"的问题上做过多的纠缠，而是努力去想解决问题的方法。

不贪图安逸。快乐的人总是离开让自己感到安逸的生活环境，快乐有时是在付出了艰苦的代价之后才会积累出的感觉，从来不求改变的人自然缺乏丰富的生活经验，也就很难感受到快乐。

感受友情。友谊是人类文明的象征之一。一个人的生存，如果没有朋友的友谊，就会感到孤独寂寞。人的生存，应该有朋友和友谊。对待朋友，应本着尊重、友爱、信任、互助的态度，努力使友谊纯洁闪光，切不可有私心杂念。遇到不愉快的事情或矛盾时，多与朋友交流，商讨解决问题的办法。空闲之时，也可与朋友做一些有意义的活动，充实生活。

勤奋工作。专注于某一项活动能够刺激人体内特有的一种荷尔蒙的分泌，它能让人处于一种愉悦的状态。工作能激发人的潜能，让人感到被赋予责任，让人有充实感。

生活的理想。快乐幸福的人总是不断地为自己树立一些目标。通常我们会重视短期目标而轻视长期目标，而长期目标的实现更能给我们带来幸福的感受，你可以把你的目标写下来，让自己清楚地知道为什么而努力。

心怀感激。人的生存不是孤立的，而是相互依赖的。在人群中，每个人的思想、性格、品质不尽相同，所表现的言行也各异。抱怨的人把精力全集中在对生活的不满上，而快乐的人则把注意力集中在能令他们开心的事情上，所以，他们更多地感受到生命中美好的一面，由于对生活充满感激，所以他们更感到快乐幸福。

宽容别人，快乐自己

在我们的生活中没有完美无缺的人，我们只有学会宽容别人，自己的胸怀才会像大海一样宽广，这也是一个人获得内心安稳的良方。一个幸福的人生其实也很简单，就是不要拿别人的错误惩罚自己。宽容之中深藏着一种充满爱的体谅，宽容别人成就自己一辈子的幸福。

在现实生活中，每个人都难免会犯一些或这样或那样的错误，并且总是在失误之中，渴望他人的包容，而在许多时候，我们却不肯宽容他人对自己造成的伤害。其实，换一个角度，站在他人的立场分析问题，在宽容他人的同时，我们自己心里就会释然许多，平静许多，快乐许多。

宽容别人就意味着尊重他人、体谅他人，给自己的心留有余地；意味着用理解化解彼此的隔阂，让信任失而复得。宽容别人，就是化消极的猜疑为积极的沟通桥梁，在宽容别人的大度之中，收获豁达。

人应该学会宽容。多一些宽容就少一些心灵的隔膜；多一分宽容，就多一分理解，多一分信任，多一分友爱。

智者能容。越是睿智的人，越是胸怀宽广，大度能容。因为他明察世事、练达人情，看得深、想得开、放得下；处世让一步为高，退步即进步的根本；待人宽一分是福，利人是利己的根基。

仁者能容。富有仁爱精神的人，也必是宽容的人。"老吾老，以及人之老；幼吾幼，以及人之幼"，不苛求于己，也不苛求于人。所以，与刻薄多忌的人相比，宽容的人必多人缘、多快乐，自然也就多长寿了。

能宽容，就能得人。夫妻间除了要有爱情有信任，还要有宽容，总是为小事斤斤计较，就不可能白头偕老；朋友间没有了宽容就没有了友谊，因为宽容是友谊的题中之意。领导宽容，就可以使近者悦远者来，天下归心。所以说，宽容是力量和自信的标志。

宽容就是潇洒。宽厚待人，容纳异议，乃事业成功、家庭幸福美满之道。事事斤斤计较、患得患失，活得也累，难得人世走一遭，潇洒最重要。

宽容就是忘却。人人都有痛苦，都有伤疤，动辄去揭，便添新创，旧痕新伤难愈合。忘记昨日的是非，忘记别人先前对自己的指责和谩骂，时间是良好的止痛剂。学会忘却，生活才有阳光，才有欢乐。

宽容就是忍耐。同事的批评、朋友的误解，过多的争辩和"反击"实不足取，唯有冷静、忍耐、谅解最重要。"宽容是在荆棘丛中长出来的谷粒。"能退一步，天地自然宽。

在宽容他人的心境之中，收获稳固的友谊；在宽容他人的过失之中，相互之间赢得长久的合作。宽容更是一种豁达，如同春风，可浇灭怨艾嫉妒和焦虑之火，可化冲突为祥和。宽容更是一种深厚的涵养，是一种善待生活，善待他人的境界。

宽容他人，在接纳他人不完美的同时学会欣赏；将事事逞强，处处患得患失的忧心与失望，扭转为惬意与美好；将过去的恩恩怨怨，是是非非化解为冰释前嫌，化险为夷，让我们的生活多一分空间，多一分爱；面对朋友的误解、伤害和不友好，化解为一束阳光，一分温暖；将人际关系的隔膜、冷淡，大度地予以宽解和接纳，尽可能用微笑的、通情达理的目光去打量周围的人和事，在豁达的胸襟之中成就自己的幸福。

宽容的心怀，能陶冶一个人的情操，带给人心理的宁静和恬淡、慰藉和升华自己的心灵世界。不计较他人过失，不打击报复他人，在与人为善的境界中，豁达大度；在恬静、超脱的境界中，不浪费时间和精力去挖空心思对付别人，可以专心致志于自己的事业，在平凡岗位上干出一番辉煌业绩。宽容他人，塑造自己的风度和雅量，使自己犹如水晶般剔透，美玉般明澈；把宽容插在心中，它便绽出新绿，盛开出春花。

宽容他人，是一座让我们远离痛苦、绝望、孤独、忧伤、愤怒和侮辱的栈桥，能使我们用平静、喜悦、祥和的内心，去营造生命中的美丽。

宽容别人，其实就是宽容我们自己。多一点对别人的宽容，其实，我们生命中就多了一点空间。

有朋友的人生路上，才会有关爱和扶持，才不会有寂寞和孤独；有朋友的生活，才会少一点风雨，多一点温暖和阳光。其实，宽容永远都是一片晴天。

女人天生就是美丽的天使，如果再有宽容的心理，那就会成为天边一道美丽的彩虹。

学会沉默，不战而胜

沉默的力量是巨大的，面对"沉默"，所有的语言力量都像打在棉花上。聪明的女人懂得在适当的时候沉默，不战而屈人之兵。

沉默是一种美德，沉默是一种智慧，沉默是一种魅力。沉默的内涵实在是太丰富了，它使人深邃，而深邃的人更趋向成熟；沉默是一种伟大的力量，它使人充实，而充实的生命才会永远年轻。麻木不是沉默，蔑视也不是沉默，昏睡更不是沉默。沉默既是一种气质，也是一种风度，更是一种品格。

"沉默"的吸纳力量是如此之大，在沉默面前，语言的所有力量都被这个黑洞吸纳了。

有人常说，只要有人的地方，就会有斗争。这不是新鲜事，从远古时代开始，人类就是在弱肉强食的竞争中生存，社会发展到现在，虽然不会有胜者王败者寇的争斗，但并不意味着人与人之间就完全能够和平相处。因此，聪明的女人懂得做好面对不怀善意的心理准备，自己不会主动去攻击对方，但一定要有保护自己的"防护网"。

女人要懂得在适当的时候沉默，而沉默主要有两个方面：一个是"装聋"，一个是"作哑"。

在听到不顺耳的话时，反唇相讥往往落入对方的陷阱，假如自己不回嘴，他自然就会觉得无趣了；他如果一再挑衅，只会显得他无理取闹。在这种情况下，你以沉默应对，对方多半会在几句话之后就仓皇地"且骂且退"，离开了现场，而你再装出一副听不懂的样子，并且发出"啊"的疑问声，更能让对方迅速"败走"。这就是"作哑"。

不过"作哑"不难，要"装聋"才不容易，这需要培养自己对他人的言语"入耳而不入心"的功夫，否则心中一起波澜，克制不住自己的情绪，反身攻击也是可能的。

装聋作哑其实就是装作不知道，而是对别人的话装作没有听到或没有听清楚，以便能够避实就虚、出奇制胜。装聋作哑的表现就是自己说辩的锋芒不传递攻击性的信息，而是通过打击、转移对方的说辩兴致使之无法继续设置窘迫局面，能够化干戈为玉帛。

学习装聋作哑，除了能不战而胜之外，还能够避免自己成为别人攻击的目标。而一旦习惯了装聋作哑，就会养成不去找别人麻烦的习惯，于人于己都有好处。

在人际交往中，有许多场合都可以使用"装聋作哑"的办法，躲开别人说话的锋芒，然后避实就虚、猛然出击。

聪明的女人会用适当的装聋作哑来缓解尴尬的局面，在受挫时会选择沉默让自己镇定下来，在沉默中反省自己，在沉默中变得坚强，在沉默中撞击新的火花；聪明的女人在成功时也选择沉默，因为在沉默中她能够冷静思索，能在沉默中认清自我，在沉默中寻找新的起点，在沉默中确立新的目标。

沉默会让其他人不自在，而人是追求诠释和解释的，他们想要知道你在想什么，如果在这时小心翼翼地控制住要吐露的讯息，他们就无法洞察自己的意图。借助言语想要驱使人们去做自己希望的事通常是行不通的，在人生绝大部分的领域内，说得越少就越显得神秘。因此，聪明的女人懂得闭上嘴巴，这样反而更有机会获得成功。

但是沉默并不是简单的指一味地不说话，沉默是一种成竹在胸、沉着冷静的姿态，给人一种优势在握的压迫感，从而稳操胜券。聪明的女人懂得"沉默是金"，因而善于利用沉默来达到自己的目的。

独处的时候也能活得好看

女人要学会和自己独处，带着思想穿过无数的黑暗深渊，让心灵拥有内在的安详。即使你已习惯身边的喧闹，也不要将自己的心灵堡垒废弃，你需要修葺它，使它更加完善，从而经受住风雨，而独处就是一种修复心灵的途径。

一位28岁的独居女孩用生活日常向人证明，一个人也可以把日子过成诗。

早上，在暖暖的阳光中醒来，然后亲手做个简单的早餐，今天是果酱土司，明天是培根三明治，不必考虑别人的口味，取悦自己就够了。吃完早餐，略施粉黛，穿上舒适的衣裙，背着自己亲手DIY的包包出门。

下班后，所有的时间都属于自己，可以慢悠悠地边走边看，不必争分夺秒地赶回家，看到网上有新的菜单，就会去超市买相应的食材，回家研究新菜。回家后钻进自己的小厨房，烹饪是一种美好的生活艺术，最能治愈人心。一个人的晚餐，也不将就，每天不重样，每个晚餐都要配上精致的盘子碗筷和最愉悦的音乐。晚上睡前开始记录当天的生活，计划第二天的安排。合上本子，打开香薰，顿时整个房间都弥漫着香气，连梦都是香香的。仪式感是给自己看的，不是装给别人看的。

即使一个人在家，也要美美哒，把房间打扫得一尘不染，给指甲涂上喜欢的指甲油，在暖洋洋的阳光里，读一本书，时光温柔得不像话。如果实在在家宅够了，想出去玩，那就约上三五好友，打扮得漂漂亮亮，去野餐，去海边。一起分享美食，一起拍照搞怪，一起畅聊夜谈。

我是孤单的，但我不是孤独的，我有自己的小世界，不急不躁，岁月静好。日本作家山本文绪在《然后，我就一个人了》里写道："一个人工作，一个人看书，一个人吃饭，一个人看着电视乐，一个人睡觉。感觉寂寞难耐的，定会找个人同住吧。但我并没觉得寂寞难耐，要说难耐的，反倒是想一个人的时候无法一个人。"

我们都应学会享受孤独，如此才能淡定美丽、幸福满足。每个女人其实都活在自己的世界里，永远不可能赶走寂寞。寂寞来了，要让它成为土壤、成为泉水、成为营养，如果你了解它、善待它、喜爱它、享受它，它就会怒放出最美丽、最芬芳的花朵。

活得好看，是一种心态，是一颗热爱生活的心应有的状态。活得好看，不是因为外界要我们如何，而是我们的内心要如何对待生活。活得好看，是一种精神，是生命的一种美好姿态。

苏珊大学时读的是数学系，工作后与精密数据和各种程序打交道多年，想来她应是过着理性且一丝不苟的生活。然而，端坐着的苏珊身边总有个洋娃娃,她目光平和,不说话时嘴角也带着微笑,感性而生动。

做手工仿佛是苏珊与生俱来的本领,从给布娃娃做衣服算起,她的手工布艺的"工龄"可不短。

即使在从事忙得人仰马翻的IT行业时,苏珊也还能忙里偷闲做点小手工和女红。哪怕随手拿到的一张纸头,她也巧用心思剪个图案、做个小动物、折朵小花。公司里乏味的隔断被苏珊装点得很不一样,她的座位上总有可爱、稀奇的小玩意儿,无形中拉近了与同事之间的距离。

在苏珊眼里,手工不只是一种技能,更是一种生活态度,一种令人向往的精致的生活态度。在家里,大到沙发垫、窗帘,小到不起眼的灯绳,都出自苏珊的巧手,她总是能让生活充满新奇和惊喜。

苏珊乐于布置自己的家。她说:"现在太多家庭的装饰常常缺乏特色。市场上提供的精致物品和自己动手做的感觉是完全不一样的,用心去布置家里的每个角落会让家有独特的吸引力。钱可以买来金碧辉煌的装修,但买不来轻松、随意的生活态度。"

女人真正的美丽并不是漂亮脸蛋和曼妙身姿能涵盖的。美丽不全在浮华的外表,它是温婉可人的资质,是喧嚣中的晶莹品性,是灵动却不嚣张的才情,是弥久日醇的魅力,是源自健康的蓬勃朝气,是永不褪色的风采。

女人的一生永远是浪漫的,永远应有童真的东西做点缀,即使到了80岁,也应依然是心里有梦的老太太,活出漂亮的自己。

第四章

不是依附，
爱里也要各自独立

女人应该做一个懂得如何去爱的人。会爱的女人懂得在何时去爱，何时放手，用正确的方式来爱。恋爱很美好，但恋爱美好的背后很可能有荆棘，所以甜蜜时，也要保持清醒。经营婚姻也需要技巧。如果你觉得自己的家庭不幸福，那么也请反省你的幸福创造力。会爱的女人能够从容积极地面对生活，懂得用爱来保护自己。

在爱情中学会独立

曾在一本书里看过这样一句话："幸好爱情不是一切，幸好一切不是爱情。"

聪明的女人总是会把握爱的尺度，给自己一点空间，保持自我的独立。女诗人舒婷在《致橡树》中这样描绘爱情，"仿佛永远分离，却又终身相依"——爱情其实也需要留有呼吸的空间。

当一个男人要离开他不爱的你时，你要问自己还爱不爱他，如果你不爱他了，千万别为了可怜的自尊而不肯离开，不要去阻止。你如果阻止他得到真正的幸福，就表示你已经不爱他了。而如果你不爱他，你又有什么资格指责他变心呢？爱不是占有。如果一个女人真心地爱着一个男人，她也可以用另一种方式拥有，让爱人成为生命里的永恒回忆。

如果人生是一条绵延的小路，那爱情只是这条路上众多站牌里的一个小站，它不是生命的全部，生命的全部也不是它。如果我们为了一棵树而放弃整片森林，值得吗？如果我们强留那个已不爱我们的人在身边，值得吗？如果我们为了爱情而自虐，值得吗？不值！女人，请记住，我们是为自己而活，我们是为自己而生。能够轻易流走的爱情不是爱情，我们又何必为了一个不懂珍惜自己的人而流泪，而心痛，而自虐呢？女人，在爱情里我们唯一可以骄傲的资本就是自爱！

勉强得到的爱也只是一种廉价的施舍。施舍的感情根本没有任何意义。强求维持一份已经不对等的感情，一厢情愿地付出，根本不是爱。为了一个不爱你的人伤心，是不值得的。一个真正爱你的人，会尊重你、欣赏你，而不是挑剔你。你的委曲求全换不来他对你的尊重和爱。如果你想得到真爱，就一定要记住，在爱情里，永远都要做个有尊严的人。因为男人认为，懂得自尊自爱的女人才是值得爱的好女人。

要知道，求来的爱情是多么虚弱和苍白，如果是自己的错，那我们没有权利责怪任何人；如果是他的无情，那痛心的更不应该是你自己。你失去的是一个薄情寡义的人，而他失去的则是一个今生最爱他的人。或许他此刻不再爱你，但有一天他会记起你的好。

你失去的只是一个人，而他失去的是一颗真正爱他的心。女人，爱情没了不等同一切都没了，何苦折磨自己，何必与自己过不去，又何必让他瞧不起。既然他离你而去，那我们就洒脱地跟他、跟过去说再见！

爱情里最忌讳的就是花心。花心之人是不可以爱的，纵使他现在跟你甜如蜜黏如漆，也只是因为你现在年轻，有资本，倘若你年华已逝，容颜苍老，试问，对于一个花心之人他还会一如既往地爱你吗？那时你忍受的就不是现在这般失恋之苦了，长痛不如短痛，快刀斩乱麻，趁现在决绝一点忘掉他，也免得当一切都如过眼烟云之时才后悔莫及。

该放手的时候就放吧，别说你不舍，既然他可以舍得你，你又何必舍不得他？时间让你们相爱，同样也会磨灭你们的激情，更会让你在念念不忘之时慢慢遗忘这段感情。时间就是这么无情与公平，既然是时间让你们相爱，那就让它消灭你心中的不舍吧！记住，适时而放的人才是智者。

你可知，你的锲而不舍会让他厌烦；你可知，你的自虐要挟，会让他觉得你没骨气；你可知，你的歇斯底里，更会让他怀疑自己曾经的眼光。女人，坚强起来，或许你的不自爱更会让他找到不爱你的理由：一个连自己都不爱的人又如何来爱别人。女人，在爱情里本没有对错，我们又何必苦苦追问孰对孰错呢？爱得深，伤得也深，不是吗？

即使你拥有闭月羞花的美貌，即使你拥有魔鬼的身材，即使你拥有至高无上的权力，他不爱了就是不爱了，纵使你千般好万般好也抵不过世俗对他的诱惑。

有句话说得好："女人，长得漂亮不如活得漂亮。"从现在起，我们要活得漂亮，活得出众，我们要让他为他的离开而感到后悔，我们要让他知道他选择离开是他这辈子做得最愚蠢的一个决定。

从古至今，各种各样的爱情故事数不胜数。人世间真爱的永恒还在继续，要相信真爱是平等的。在爱情中，女人和男人的机会是平等的。女人，只有先爱自己，男人才会更爱你。

爱的滋润让女人更美丽

爱，对女人的美丽至关重要。精神上的关怀、行动上的体贴，都是爱的具体体现，有了这些爱，女人就像一朵美丽的鲜花，光彩照人，鲜艳夺目。

爱情的滋润，是女人最佳的"精神食粮"。爱，贯穿于人类历史，也贯穿于一个人的一生。同样，一个人能够在世间生活着，也是因为不时受到爱的滋润。爱是一个人健康成长必不可少的要素，也同样是一个女人保持美丽的最好礼物！"恋爱中的女人是最美的"这话一点都不假，爱情是让女人"蜕变"的最好催化剂，不论什么年龄段的女子，只要她们发现并拥有了爱情，那爱情带给她们的变化可以是惊人的。

爱情犹如一道温暖的阳光，照亮了女人前进的道路，温暖了女人的心。有了爱情滋润的女人，就像一朵雨后绽放的花朵，有着难以言说的动人之处。爱，让人有了希望，有了欲望，有了渴望。被爱包围的女子没有理由不美丽。

爱情的呵护，让女人更加光彩照人。云朵永远眷恋天空，鱼儿永远离不开大海，无论多么险峻的山因为水的环绕便有了秀的风姿，无论多么柔和的水因为山的陪伴便多了分坚挺的风骨。一个被爱情呵护女人，是最楚楚动人的。当一个女人爱着一个人的时候，她的血液是火热和奔腾的，从科学的角度讲血液循环得快新陈代谢就会加快，就像体育锻炼能让人容光焕发一样，爱也会让一个女人光彩照人。一个心中有爱的女人是宽厚温柔的。当女人爱着一个人的时候，那种温情会情不自禁地流露出来，她会怜惜他，牵挂他，甚至会迁就他。

爱情，是充满新鲜与刺激的美好感情。一个女人在得到爱情时是美丽的，它是生命里的烟花，华丽、绚烂、充满激情。

爱情是充满极度羞涩紧张感的感情，是其他感情无法替代的。恋爱之所以让人美丽，正是和鲜活的情绪分不开的。真正的爱情可以让人的生命力完全散发出来。女性在恋爱中是在不断地成长的，任何恋爱在某一段时间里以某种形式结束之后，女性都会感觉到自己已远非以前的自己了。这是一种进步。很多女性在恋爱之后都会变得更加注重修饰，也就会变得更加美丽，因为她们明白了，并非一定要为了男性而美丽，现代女性更加注重让自己取悦自己，我美丽是因为我希望自己以自己为傲，希望自己能喜欢自己的状态，并非只是为了取悦别人。

爱，是女人一生追求的目标，也是支撑女人幸福大厦的支柱，女人一生最珍贵和最懂得珍惜的就是爱。女人生活中离不开爱、家庭中离不开爱，爱是女人赖以生存的基础。男人要呵护女人，珍惜女人的爱，让女人生活在爱的阳光之下，让她永远美丽。

爱是一种能力，做一个会爱的女人

女人应该做一个懂得如何去爱的人。会爱的女人懂得在何时去爱，何时放手，用正确的方式来爱。

聪明的女人能够从容而积极地面对生活，懂得用爱来保护自己。因此，在面对男人提出分手的要求时，聪明的女人不是哭泣或者茫然无措，而会洒脱地笑着说："等你说这话很久了。"因为不爱自己的人的离开，对自己来说是一件幸运的事情，女人们在任何时候都不应该为负心的男人伤心，而是应该庆幸自己早日看清了男人的真面目，这总比一辈子被蒙骗要好。其实，这不是在教女人们自欺欺人，而是让女人们懂得爱的方式。

会爱的女人在理智和情感的把握上很有分寸。她能够认真对待自己的工作，因为她知道工作是自己独立的保证，是她不依附男人的筹码，让自己在爱情领域占有优势。在空闲时，会爱的女人可以通过运动、看电影、逛街、美容或者煮花茶、听音乐、看书等方式来体验生活的美好。

她深爱自己的男人，但是不会把自己所有的精力都放在男人身上，因为会爱的女人知道，只有先学会爱自己，男人才会爱你。

一个会爱的女人，会聪明地回避一个问题，不会一遍遍问自己的爱人想不想自己、爱不爱自己。因为男人一般都是比较内敛含蓄的，他若想你爱你，自然会用行动表达出来。一遍又一遍地追问这样的傻问题，恰恰是男人最厌烦的。曾经有一个调查显示：大多数男人都不喜欢女人总问自己是否爱她和想她，因为他们认为这两个问题没必要总挂在嘴边。问这种问题的女人只会给人一种没自信的感觉，对爱情并没有帮助。

女人不管是在恋爱中还是在婚姻生活中，都应该学着做一个会爱的人，懂得何时去爱，何时要放手。

首先，会爱的女人明白，两个相爱的人是在不同环境下成长的，有着不同的经历和不同的个性，因此注定了彼此之间需要一个相互了解、相互适应的过程，也就是人们经常说的磨合期。在这个过程中，聪明的女人不会企图去改造自己的爱人，因为那样将得不偿失，男人们的固执很多时候是女人一生都无法理解的，而男人的固执一旦成为逆反，那么女人将永远失去这个男人。因此，假如你不能接受他的某些习惯，索性就放弃对它的改造，这样反而对婚姻生活更有帮助。

其次，会爱的女人不会强求爱情，面对一个已经变心不再爱自己的男人，适时放手和放弃才是女人们最好的解脱方法，也是保护自己的最佳手段。女人不但需要男人的爱，更需要自己的爱，因此，在受到男人伤害的时候，女人要学会爱自己，自己疗伤。"强扭的瓜不甜"，同样，强求的爱情也不会幸福。放弃一个不爱自己、不懂得珍惜自己的男人，恰恰是为了得到一个爱自己、疼自己的男人。

最后，会爱的女人明白，女人在受到挫折时可以依靠男人的臂弯，可以躲在男人的背后，而男人们却必须咬牙承受一切重负。因而，会爱的女人能够把家庭营造成一个温馨的港湾，在男人沮丧时给他提供安歇调养之所，在男人情绪激烈时给他以温柔化解。会爱的女人懂得付出精力来经营爱情为爱情保鲜，因为她知道，结婚证也无法替她永远守住一颗心。那么在激情冷却后，平淡的相守才是婚姻的真谛。而这种平淡却是需要用心来营造的。因此，女人们要学会在平淡的生活中爱自己的丈夫，即使自己要做家务、照顾孩子、上班，也要把自己最漂亮、最精彩的一面展现给爱人，而不是向丈夫展示一张倦怠的面容，一双冷漠的眼睛，一副粗俗的嗓门。

会爱的女人深知，假如失去了自我就等于失去了所有，因此她们懂得注重自身素质的不断提高，能够拥有自己的理想和追求，而这些才是女人永远充满活力与魅力的秘方，是爱情不断得到升华的宝典。婚姻并不是爱情的坟墓，二者应该是同步发展的，一个会爱的女人，是爱情的天使，能够给爱人带来温馨和踏实。

再好的关系，也要保持距离

所谓"距离产生美"，就是说保持适当的距离反而是维护关系的良策。会爱的女人能够和自己心爱的男人保持一定的"距离感"，距离能够让爱情之树常青。

对男人来说，吸引永远比督促管用。多展示你的魅力，少索取他的承诺，天天缠着他只会让他压力太大。很多男人觉得，女人有时候烦起来真的是很要命，让他们觉得很不知所措，烦不胜烦。虽然女人的心始终是希望男人能够来哄她或者是安慰她，而男人一旦心生厌倦，就很难挽回。

男人的自尊心比女人强，也更需要自由。他们是男人，要顶天立地，要闯天下。女人只要留住男人的心，天下自然也是你们的。所以，女人还是和男人保持一点距离的好。

夫妻之间、恋人之间如果距离太近，随着时间的流逝，感情因为没有距离而消失，久而久之，可能产生"审美疲劳"，把争吵当作家常便饭。这种现象现实生活中也随处可见，心理学家们把这称之为"爱情疲急征"，这是因为爱情缺少喘息机会而造成的。我们知道，在给树木浇水时并不是越多越好，太多的灌溉可能会导致树的死亡。同样，爱情之树也需要用温情去浇灌，但如果温情泛滥的话就等于是在摧残爱情。爱情的火不但不会因为心理距离的存在而熄灭，反而因为这种距离而产生婚姻向心力，使得婚姻更加稳定。

很多人认为，"零距离"才是爱情，然而事实上，正是"零距离"破坏了爱情中那些令人感动的东西，使得原本瑰丽的爱情变得平淡无奇。而小别或久别之后的重逢，相爱的人在相见时碰撞所激发的光和热，会给生活带来意想不到的欣喜，甚至比新婚更令人心醉、令人依恋。在家庭生活和恋爱关系中，夫妻和情侣之间如果能巧妙地运用"距离"，会使彼此间的感情更加牢固。

一般在结婚前，恋人之间的相处无论在心理上还是在时间、空间上都有一定距离，正是这种距离感让恋人期盼见面，而且陶醉于见面时如胶似漆的甜蜜感觉。可是在结婚后，夫妻之间的时间和空间距离感就消失了，心理距离也在日常平淡的生活中逐渐消失，原来的神秘感也随之消失。随着时间的流逝，爱情的新鲜感没有了，彼此之间变得麻木，于是，沉闷和苦恼在婚姻中不断积淀，而爱情的兴致却日趋淡薄，假如处理不好或者任其发展，随之而来的自然是婚姻危机。夫妻由于种种原因不能长相厮守，因此两个人都十分珍惜相聚的机会，而婚姻在这种期待和珍惜中变得甜蜜而稳固。

许多已婚夫妇都有这样的心理体验——朝夕相处时习以为常，而一旦分离就会朝思暮想，"分离时最亲近"可以说是这种心理的真实写照。时空距离的存在能够给心理带来一种感受上的差别，为夫妻感情带来活力。除了时空距离之外，保持一定的心理距离更有助于夫妻感情的增进，心理距离是指夫妻要给对方和自己留出一点"情感空间"，允许对方在心灵的深处有一片属于自己的领地，而自己的内心也要有这样一片专属的天空。

社会学家曾对300对夫妻进行了以"你希望朝夕相伴，还是短暂别离"为主题的问卷调查，发现竟有271对夫妻选择了后者。这其实说明，每天在一起厮守并不是夫妻的期望。即使是终日相伴的夫妻，在相处的过程中也会产生某种程度的无形距离，只是很少有人意识到。其实仔细观察一下就可以发现，一些夫妻天天在一起时经常有磕磕碰碰，而一旦身处两地时，就体会到彼此的重要性，联系也多了，也不吵架了，好像又回到了热恋的美妙时期。

会爱的女人为了使自己的爱情保鲜，懂得创造距离来改善夫妻感情。比如，在晚上独自做自己想做的事情而互不干扰，虽然同处一个屋檐下，但却都有自己的空间。

会爱的女人，能够适时地为自己的爱情增加距离感，她不但在自己的内心开创一片独立的天空，而且能够主动给对方一个自由的空间，在拉开了彼此空间距离的同时，加深了彼此的感情，使彼此不再面临"围城"的烦恼。

爱不代表失去自己

相爱是让人痴迷的事情，女人在爱上一个男人时，会心甘情愿地为他付出所有，以至于慢慢忘掉了自己，男人就成为她的整个世界。她本来以为这样就可以让爱情常驻，可结果却是忘了自己，也失去了爱情！

书中的简·爱。这个出身虽然卑微的女子，勇敢地追求爱情，却绝不为了爱情放弃自己。这个平凡的女子，最终不仅赢得了真挚的爱情，更赢得了别人的尊重。

在爱情里，女人容易成为傻瓜。付出得越多，输得也越惨。如果把自己的全部当成礼物悉数送给了对方，对方会认为得来太容易，会毫不怜惜地将它放在一边。因为那不是自己追求来的，所以不懂得珍惜，就像我们日常买的原品与赠品一样，虽然是同样的产品，但如果是自己掏钱买的，会显得格外珍惜，但如果是别人赠予的，也许用时就没有那么珍惜了。

作为一个女人，不要爱一个人爱得浑然忘了自我。爱一个人，应该给他呼吸的空间，也给自己留个余地。飞蛾扑火的爱情，正在进行时固然让人觉得壮美，但若结束时，你如何收拾一地的狼藉？

爱他，但不能失去自我。爱，也要爱得有分寸。爱得太多，不但丢失了自己，也会让对方喘不过气来。

太爱一个人，会被他牵着鼻子走，动辄方寸大乱，完完全全不能自己。从此，你没有自己的思想，没有自己的喜怒哀乐，你以他为中心，跟他在一起时，他就是整个世界；不跟他在一起时，世界就是他。

太爱一个人，会无原则地容忍他，慢慢地，他会习惯于这种纵容，无视你为他的付出，甚至会觉得你很烦、太没个性，甚至开始轻视、怠慢、不尊重你……

太爱一个人，你无异于一支蜡烛，奋不顾身地燃烧，只为求得一时的光与热。待蜡烛燃尽，你什么都没有了。而对方是一根手电筒，他可以不断放入新电池，永远保持活力。

太爱一个人，他会习惯你对他的好而忘了自己也应该付出，忘了你一样需要得到同等的回报——他完全被你宠坏了。不要以为你爱对方十分他也会爱你十分，爱是不讲理由的，所以很多时候，爱也是不平等的。

所以，女人都应该有一个只属于自己的空间。在伤心失意的时候，到你自己的空间里，学会孤独，学会冷静，找到内心的自己。在任何情况下都不能失去自己，要懂得珍惜自己，爱护自己。即使对爱人爱得再深，也不要忘记给自己留点空间爱自己。

让家成为没有抱怨的世界

家庭是重情不重理的地方，不要想在这里讲理。当然，家事也有对错之分，但实在没有必要非分出个输赢来。家不是讲理的地方，女人要知道在家里不用每一件事都那么计较，家庭和谐的秘密就在于此。

女人结婚后，不只是做人之妻，而且还要面临更多的亲戚，承担更多的责任。在家庭关系的处理中，只有将心比心，换位思考，才能妥善处理灵活协调好周边关系。在这其中，爱心是保证家庭安宁祥和的关键因素。

女人结婚后，都会突然发现自己的生活圈子里的人越来越多。因为结婚不仅仅是两个人的事情，更是双方各种关系的叠加交错。因为婚姻的关系，原本毫无血缘关系的人进入了自己的生活，各式各样的家庭事务困扰着你，只因他们已成为你的家人，你就有为他们分忧解难的义务和责任。很多女人在刚刚接触这种环境时会有些手忙脚乱，其实，只要抓住了关键因素——爱，一切就都会迎刃而解。妻子们假如能够用爱来温暖这个大家庭，用真情和热忱来维护家庭的团结和友好，就能够和家人和谐相处。

当然，在爱的付出上也要讲究技巧。女人们应该知道，你选择了你的丈夫，就同时也选择了丈夫的家庭和家人，你应该爱屋及乌去接纳他们。在任何家庭中，矛盾都是正常的，关键是怎样解决矛盾。聪明的女人懂得其中的诀窍，那就是尽量地顺从，即使是表面上，这样家庭才可能和谐。

家庭生活是由柴米油盐、吃喝拉撒等琐碎的事情构成的，恋爱的浪漫在这里已经逐渐消失。而且，家庭又是一个重情不重理的地方，家庭的很多琐事没有必要分清楚谁是谁非。因此，女人应该恰当地协调家庭成员之间的关系，用心维护家庭的和睦。

一般来说，女人在结婚后，身份就发生了变化，由原来单纯的一个人变成多种角色的饰演者，是妻子、女儿、儿媳的综合体。一个女人结婚后除了成为丈夫的太太，同时也是他父母的儿媳、他妹妹的嫂嫂、自己父母的女儿。这样多的身份一夜之间降临在结婚的女人身上，而责任也随之增加了很多，令女人们无所适从，不知如何去应对。

这个时候，就需要女人们冷静下来，用自己的智慧来处理各种角色之间的转换。一般婚后的生活，由琐碎的细节生活构成，而每个人的习惯和方式又不尽相同，妻子不仅会和丈夫发生矛盾，与对方的父母也有可能因为生活细节的不同引起冲突。而长辈的习惯往往已经根深蒂固，不易改变，在这个时候，妻子就要学会暂时顺从，这不仅是对长辈的尊敬，更是和谐相处的最好诀窍。

然而，顺从并不是维护大家庭安定团结的金钥匙，一个大家庭就像一个社会集体，并不是一个规则就能够畅通无阻的。社会所需要遵循的规则在家庭中不一定适用，因此，大家庭的友爱和谐不但需要用爱去温暖，用真心去顺从，还需要遵循一些原则。

一、通达人情世故

每个家族都有不同的生活习惯和思维方式，妻子需要经过一段时间才能适应，因此在对待彼此亲戚和家人时，必须懂得人情世故，做到礼貌待人。

二、不在父母面前说爱人的坏话

父母都有护短的心理和行为，自己可以责骂但决不准许别人讲自己孩子的坏话。因此，妻子在公婆面前开爱人的玩笑要注意分寸。如果你和爱人吵架闹矛盾，在公婆数落丈夫的错误时，很可能是为了安慰你，所以女人们不要毫无心机地控诉起来，这样很可能埋下隐患。女人们也不要在自己的父母面前抱怨丈夫，出于爱自己女儿的心理，父母很可能对女婿不满，而这种情绪也同样会影响家人之间的关系。

三、不在父母（公婆）面前说公婆（父母）的不是

即使是无心抱怨，也可能影响两个家庭的关系，聪明的女人不会采取这种举动。自己在父母面前说的关于公婆的话，会直接影响自己父母对他们的印象，即使你是无意之中泄露的，而疼爱你的父母仍然会记在

心里。聪明的女人更不会在公婆面前抱怨自己的父母，更不能传达父母对公婆的不满。这不仅是没有教养的表现，更会让公婆看不起自己。最主要的是，这些行为都会导致亲家之间无法和谐相处。

四、做一个倾听者而不是长舌妇

在大家庭中，难免会有各种各样的矛盾。妯娌之间的不和，姑嫂之间的不睦，或者是别人在你面前抱怨别人如何给她"穿小鞋"等，这个时候，千万不要把这些话告诉给当事人。就把这当作是无聊的谈话，左耳进右耳出就可以了，而不是四处嚼舌，更忌讳搬弄是非。在别人对你抱怨或者倾诉时，最好的方式是做一个倾听者，让所有的话在你这里终结。有能力的话就开导劝慰他们，没有能力的话就沉默，这样才能最大限度地减少家庭的摩擦。

五、培养开阔的心胸

小心眼的人容易钻牛角尖，不但爱在小事上斤斤计较，而且处处想着沾光。很多时候妯娌之间、姑嫂之间、晚辈和长辈之间之所以发生争执，多是因为太过于计较的缘故。比如当晚辈把目标集中在长辈对待晚辈是否公道上时，就会产生众多矛盾。假如老人看某个孩子的日子过得较紧，就多给了他点钱，或平时在生活上多帮助了他一些。这时其他人就会有意见，认为老人偏心眼，甚至借此而惹是生非。要知道，家庭关系中最忌讳的是相互计较，而最可贵的是心胸宽广，因此，女人都懂得培养自己开阔的心胸来处理这些关系。

女人要明白家和万事兴的道理，也要懂得如何让家庭和谐。和谐的秘密并不深奥，只要你有一颗真心、爱心和谦逊的心就可以做到了，遇事少抱怨多顺从，少计较多宽容，你的家庭在你的呵护下一定会和谐美满。

让婚姻恒久保鲜

生活中的摩擦不可避免，你要明白，有一些善意的谎言可以减少矛盾的伤害，甚至拉近你们的距离。当然，以从小我们受的教育，做人要做诚实的人，但是做女人，你必须做聪明的女人，才能在两性关系中对男人更有吸引力。为了让他更爱你，为了让你们的关系更紧密，下面的八个"谎言"你一定要学会。

一、"我不会让你有任何改变"

我们都希望，自己爱上的男人有一身像运动员一样发达的肌肉，有一张像明星一样英俊的脸，有儒雅的绅士风度，但是如果把这些对自己的爱人说出来，无疑会让他伤心悲叹、自惭形秽。告诉他，你喜欢他的啤酒肚，因为它让你在冬天感觉到春天般的温暖。告诉他，你喜欢听他夜里像大灰熊一样打鼾，这样你感觉到安全。有一天如果他出了差，夜里听不到他的鼾声，你会失眠。如果你爱他，就告诉他，你欣赏他的一切，他的缺点就是他的特点。你爱的就是他，他不必为了和你结婚而需要改变。

二、"我喜欢你的朋友们"

他的朋友大口喝酒，大声嚼肉，事业无成依然高谈阔论，不复是少年仍旧指点江山。这些男人你看不顺眼，可是对他却很重要。就算他们中偶有优秀的人士，你也不愿意总有灯泡照亮你和爱人之间亲密的气氛，那怎么办呢？说你不喜欢他们吗？他会认为你挑剔，认为你不给他面子，认为你不认同他的友情和义气。所以，你心里再怎么不开心，千万别说出来，说出来就伤了他的面子，也伤了感情。所以，如果不得不和他的那些朋友们一起聚会，学着喜欢他们吧，至少也要假装喜欢他们。然后，慢慢用你的日程占满他的业余时间。如果有天他突然发现，怎么好久没有聚会了，你也可以笑眯眯地说：是啊，还真挺想他们的。

三、"我愿意帮你收拾残局"

男人最大的特点是懒，男人住宅最大的特点是乱。看看中国古代的传说，男人总希望有个小仙女从天而降，为他们打扫屋子、煮饭。所以，对一个刚开始建立关系的男人，一定要表现出你的体贴，做出很懂事的样子说"我来帮你收拾东西吧"。然后欣然地帮他打扫乱放的餐具，做出非常喜爱家务劳动的样子。这样男人往往会有家庭般的温暖，并且在你不在的时候更加想念你。当然，这样的好景不必长久，当他的屋子焕然一新之后，当他对你开始依赖后，你再慢慢培养他自己动手劳动也不迟。

四、"我爱你家"

如果你是非常幸运的女人，可能你会在登门拜访他的父母时，看到友爱的眼神，但是一般来说，当你战战兢兢地踏入他的家门，你会首先看到他母亲眼中复杂的神情，既希望儿子早日成家又担心儿子从此与自己不似往日般亲密。而你那个粗枝大叶的男友对此一无所知。他还傻乎乎地认为，你爱他，他的母亲也爱他，所以你和他的母亲能够互相爱护。不要以为你能向他解释清楚这个深奥的问题。如果他问起来，你就真诚地告诉他，你喜欢和他家人共度的时光。有过很多年为人媳妇经验的女人总结说，对他的家人要友爱，落实到行动上就是：少见面，多送礼。告诉他，你爱他家里的人。千万避免你们因家人发生冲突，并把见面的时间锁定在生日或节日。

五、"我爱运动"

男人对体育的狂热我们永远无法理解。他总是一下班就守着运动比赛目不转睛，眉飞色舞。他看了意甲看德甲，看了德甲看西甲，接着进入NBA循环赛。如果你告诉他，你也喜欢运动，并且坐下来陪他看看足球，你就能够迅速地进入他的世界。如果有一天，你受不了他每天看着足球赛况而不看你，就可以对他说："我爱运动，特别爱和你一块儿运动。"接着，你就拉着他的手去公园慢跑，拖着他去游泳，顺便看看落日。如果他不从，你就可以一针见血指出他是光说不练的伪运动迷，男人脸上挂不住了，定会依了你了。

六、"你是对的"

你的男友出类拔萃，可总有些盛气凌人的感觉。突出表现在和你谈天论地的时候总是喜欢争论，而且一定要分个高下，当然如果是你高他下，他肯定不会停止。此刻，提高音量和他针锋相对显然是欠明智的，你需要给男人一点面子，哄哄他，"你是对的，说得蛮有道理的。"暂时的退让只是为了日后更好地进攻，你终有一天会让他输得心服口服。智者云：男人是头，女人是脖子，脖子将决定着头的转动方向。男人总自以为是地认为自己知道一切，控制一切，可真正有实际控制力的是女人，总能不动声色地操纵着全局。所以，别和他计较了。

七、"我不介意你看别的女人"

当男友的眼睛盯着超市里那个长发美女看时，你怒从心头起。尽管你没有沉鱼落雁之色，闭月羞花之容，你也希望男友的眼睛总是老老实实守候着你，从一而终。一旦男友的目光飘向他人，你完全不必当众翻脸给他难堪，最好的办法就是说一句言不由衷的谎言："我不介意你看别的女人。"再找机会暗示他"己所不欲，勿施于人"。如果他好像还是不太明白，那么你和他在一起时做出夸张的观望姿态，全天候"扫描"过往的帅哥。他在感觉到有些醋意的时候，就会慢慢学着收敛了。

当发生不愉快事情的时候，要克制自己不要说不着边际的废话，一定要冷静，用巧妙的办法解决问题。

八、"我不介意你有多少银子"

现在有很多有经济基础或家庭背景的男人，可你的男友现在只是一个囊中羞涩的打工仔。你爱上他，就是因为他本身。因为他健康、勤奋、幽默、善解人意而且忠实可靠。你选择他是因为你认为他是"潜力股"，他会成功，他会让你的后半生过上物质和精神双赢的生活。可现阶段他的确没有给你买房、买车的能力，为此他时常向你道歉，抱怨自己没本事，让你受苦。此刻，无论如何你都要说出："我不介意，我相信你以后会成功的。"

女人也要学会制造浪漫

女人总是习惯了听男人的甜言蜜语，却不曾对男人说过什么自感"肉麻"的话。其实，男人和女人一样，也爱听甜言蜜语。会说话的女人会适时地把自己的甜言蜜语送给男人，博得他的欢喜和宠爱。

浪漫情调是一种美丽的象征，具有浪漫情调的女人最可爱。女人可以不穿精美的衣服，不用昂贵的化妆品，但是一定要有浪漫的情调。没有浪漫情调的女人即使打扮得再迷人，也让人觉得不可爱。

生活中，很多人特别是女性总是感叹地说，"婚姻是爱情的坟墓。"其实不然，一般来说，婚姻中，爱情的浪漫之火会持续燃烧一段时间，之后，正如大多数人所认识到的那样，这种火焰终究会越来越弱。现实生活的各种需要和日常事务会纷至沓来，各种习惯也会逐渐形成。当一方开始以自己的方式对待对方，并且希望对方会做出反应的时候，"爱情规律"也就悄然开始了。究其原因，热恋中的情侣总是把自己最好的一面展现给对方，并且极力营造浪漫气氛；婚后，认为反正已经结婚了，是一家人了，也就不再需要浪漫的形式了。其实，要知道，恋爱中需要浪漫，结婚后依然需要或者说更加需要浪漫。

那么，婚姻中的女性要如何做才能制造和保持浪漫的情调呢？

夫妻间保持一定的距离，即结了婚也保持恋爱时双方的相对独立性和自由度，可大大提高相互的吸引力。这种距离可分为两种：一种是有形的，另一种是无形的。有形的是指夫妻在时间和空间上的间歇性暂时分离；无形的是指夫妻在充分信任的基础上尊重对方的隐私，不干涉对方正常的社交活动，给对方充分的合理的社交自由。夫妻间保持适当的距离，可获得事半功倍的呵护婚姻的效应，可避免夫妻间因长时间耳鬓厮磨而产生的审美疲劳，距离产生美。

作为妻子的你可以时不时给丈夫来点罗曼蒂克的小把戏，适度给丈夫一点小悬念，可有效地引起丈夫的好奇心与吸引丈夫的注意。一般情况下，爱情的小"陷阱"能创造意外的惊喜，能营造婚姻的浪漫气息。而且，如果妻子还偶尔保持少女时那种"犹抱琵琶半遮面"的害羞与含蓄，给丈夫遐想的空间，那么这种蒙眬可使妻子更富有魅力。

轻轻地拥抱能够融化一颗层层防御的心，当他上班之前或在外忙碌了一天后，你别忘了给他倒上一杯水，加上一个体贴的拥抱，这可比无数的甜言蜜语更重要。而临别的一吻，常常能把对方的心抓住，它能让对方一整天都感觉到甜蜜和快乐。

不要沉迷于电视和电脑，给自己和对方留下一个小时，一起看看书，聊聊天，或者干脆享受一下沉默，双方都能从对方的一个眼神、一个动作中感受到对方的存在。这时，空气中会弥漫着一种温馨、浪漫、宁静、祥和的气氛。

亲密但也不必整天黏在一起，可以分头行动，独立社交。这种方式是对各自秉性、爱好和独立性的尊重，有利于维系夫妻感情。当然，"二人世界"不可缺少，"分"和"合"的时间比例要分配得当。

可以说，没有浪漫的婚姻是死气沉沉的，而添加了浪漫后，婚姻应该是充满活力和情趣的。如果说婚姻是一件易碎的瓷器，那浪漫就是它的黏合剂。婚姻这座围城里假如只有柴米油盐酱醋茶，难免会沉闷和琐碎，而浪漫就像绿树和鲜花，把这座城装点得春光灿烂、美丽如画。

第五章

过安静从容的生活

女人必须要学会控制情绪，只有这样才能更好地修炼自己。当你奔波在喧嚣的人群，穿梭于鳞次栉比的高楼大厦间，在忙碌了一段时间后，适当的运动和休闲可以解除你身心的疲惫，保持心理的平衡，寻找到真正的快乐。

好心态，幸福一生

人与人之间并没有太大的区别。女人拥有了好心态，也就把握住了一生的幸福。

如果问女人，"什么是你一生最重要的？"相信绝大部分人都会说"幸福"！是的，做幸福女人的感觉真好，这是女人一生的梦想！说实际一点，女人的幸福就是能让自己一生快乐，过安稳幸福的生活。但是，幸福不会从天而降，需要你去经营。一个不能经营自己幸福的女人，问题不在于别人，而在于她自己。

一位哲人说："你的心态就是你真正的主人。"一位伟人说："要么你去驾驭生命，要么是生命驾驭你。你的心态决定，谁是坐骑，谁是骑师。"一个女人若能保持良好的心态，那么她一定能拥有美好的人生。心情好了看什么都顺眼，做什么事都顺心。如果每天都能保持一份好心情，那么，你每天都是快乐和充实的。

通俗一点说，心态就是指一个人的思想情绪，就像天气的晴雨表，快乐的心态让人精神振奋，多愁善感的心情，会使人萎靡不振、病痛入侵。

生活中，我们拥有什么样的心态，就会促使我们对眼前的事情，采取什么样的决策态度。人们正是通过女人待人接物的态度，来领悟女人所存在的心态。正如美国石油大王洛克菲勒，在写给儿子的一封信里，曾告诫儿子道："你若视手边的工作为一种乐趣，你的人生就是天堂；但是万一你视你目前的工作，只是迫使自己非要完成不可的一种义务，那非常不幸的是，你的人生就是地狱！"这个比喻，很好地诠释了心态的微妙作用。

人们都愿意处于欢乐和幸福之中。然而，生活是错综复杂、千变万化的，并且经常发生祸不单行的事。频繁而持久地处于扫兴、生气、苦闷和悲哀之中的人必然会有健康问题，甚至减损寿命。女人要想保持年轻，第一就要有好心态。试想，每天提心吊胆，愁眉苦脸，不早衰才怪呢！那么，遇到心情不快时，如何保持一份好心情呢？有一种最简单有效的方法：装出一份好心情。也就是心理暗示。

"请愉快地工作，哪怕是假装的。"西门子公司，用这一句格言来激励职员们用一种积极的心态，投入工作中、生活中。"泰山崩于前而色不变，麋鹿出于左而目不瞬"，就是说同样的一件事情，只要你改变一种心态去面对，事情的情形就会有天壤之别。心态决定一个人的健康，好身体离不开好心态。

一个女人，只有改变内在的心态，才能改变外在的世界。马斯洛说："心态若改变，态度就会随之跟着改变；态度改变，习惯跟着改变；习惯改变，性格跟着改变；性格改变，人生就跟着改变。"一个女人，只有拥有良好的心态，才能够从容地面对生活中的坎坷和痛苦，甚至是生与死的考验，让自己一天天过得充实而美好。

把你的心态放开，试着想象，那容纳痛苦和烦恼的不是一杯水，而是一个湖，这样，你的心就宽敞明亮多了。

当今社会日新月异，各种复杂的事情层出不穷，各种新鲜的诱惑不断，女人既要面对工作压力，又要负担家庭琐事。双重压力，会使女人心态浮躁。因此，女人应该学会积极地调节心理平衡，经常保持健康心态，才能保证自己有一个好身体。

世上没有十全十美的事情，但我们可以尽量将心态调整得快乐悠然，让好心态像沃土一般，滋养出女人花儿一样青枝绿叶的身体，让女人的生活四季如春，幸福之花常开不败。幸福不是口头上的，需要一个人用心去体会、用全力去争取。女人不仅要取得幸福的理念，更要注意用事实说话，衷心希望女性朋友，能从中获得裨益，让自己幸福一生！

原谅自己的不完美

人类的天性就是喜欢与开朗乐观的人相处，当人们看着那些忧郁愁闷的人，就如同看一幅糟糕的图画一样。任何时候，一个人都不应该做自己情绪的奴隶，不应该使一切行动都受制于自己的情绪，而应该反过来控制自己的情绪。无论境况怎样糟糕，都应当努力去支配你的环境，把自己从黑暗中拯救出来。当一个人有勇气从黑暗中抬起头来，面向光明大道走去，那他面前便不会再有阴影了。

一个虽身处逆境却依旧能够笑对生活的人，要比一个陷入困境就立即崩溃的人，获益更多。身处逆境而乐观的人，才具有获得成功的潜能，才更容易从众人中脱颖而出。生活中有不少人一旦身处逆境，便立刻会感到沮丧，这些人往往达不到自己的目的。在我们的社会上，绝没有那些郁郁不乐者、忧愁不堪者或陷于绝望者的地位。如果一个人在他人面前总是表现出郁闷不乐的状态，就没有人愿意同他待在一起，人们都会避而远之。

思想上的不健康阻碍了人们前进的步伐，沮丧的心情会总是怀疑自身的能力。其实，生命中的一切事情，全靠我们的勇气，全靠我们对自己有信心，全靠我们对自己有一个乐观的态度。然而一般人一旦处于逆境，或是碰到沮丧的事情，或是处于充满凶险的境地的时候，他们往往会让恐惧、怀疑、失望的思想来捣乱，使自己丧失意志，以致使自己多年以来的计划毁于一旦。

突破困境的方法，在于要清除胸中快乐和成功的仇敌，要集中思想，坚定意志。只有运用正确的思想，并抱定坚定的信心，才能战胜一切逆境。

只要一个人的思想成熟，那么他就能摆正自己的心态，就能够很快地把自己从忧愁中解脱出来。但是大多数人的通病却是：不能排除忧愁去接受快乐；不能消除悲观来接受乐观。他们把心灵的大门紧紧地封闭起来，虽然费尽气力在那里苦苦挣扎，最终却没什么成效。

人在忧郁沮丧的时候，最好要尽量设法改变自己的环境。无论发生什么事情，对于使自己痛苦的问题，不要过多思虑，不要让它占据你的心灵，而要尽量去想那些快乐的事情。

对待他人，也要表现出最真诚、最亲切的态度，说出最和善、最快乐的话语，要努力以快乐的情绪去感染周围的人。这样做以后，慢慢地，思想上的阴霾必将离你而去，而快乐的阳光将会洒满你的一生。

每个人都应该养成一种多想想事情好的方面的习惯，要进入自己最感兴趣的生活环境，并寻求几种能使自己快乐和受到激励鼓舞的娱乐。

当你的心情非常沮丧的时候，千万不要着手解决重要的问题，也不要对影响自己一生的大事做出任何决断，因为那种恶劣的心情，容易使你的决策造成偏见、陷入歧途。一个在精神上受到了极大的挫折或感到沮丧的人，都需要暂时的安慰，此时，他往往无心思考其他任何问题。但事实上只要他们愿意努力，是完全可以扭转局面，重新迈向成功的。

在希望彻底破灭、精神极度沮丧的时候，仍然做一个能够善用理智的乐观者，并不是一件容易的事情。然而，也往往就是在这样的时刻和环境下，才能真正地显示出一个人的成熟与精神实质。

不管别人是否放弃，自己都要坚持；不管别人是否退却，自己都要向前冲；尽管眼前看不到光明和希望，自己也一定要不懈努力。这种精神，才是一切创造者、发明家和伟大人物能够取得成功的原因所在。

不管前途多么黑暗，心中又是多么愁闷，你总要等待忧郁过去之后，再决定你在重大事件上的决断与做法。对于一些需要解决的重要问题，必须要有最清醒的头脑和最佳的判断力。在悲观的时候，千万不要解决有关自己一生转折的问题，这种重要的问题总要在身心最快乐的时候再作决断。

当你的思维处于极度混乱、精神上深感沮丧时，是一个人最危险的时候，因为在这种状态下，由于精神分散，无法集中精力，最容易使一个人做出糊涂的判断、糟糕的计划。如果有什么事情需要计划和决断，一定要等头脑清醒、心神镇静的时候。在恐惧或失望的时候，人很难有精辟的见解和正确的判断力。因为基于健全的思想才会有健全的判断，而健全的思想，又基于清楚的头脑、愉快的心情，因此，忧虑沮丧的时刻，千万不要做出任何决断。

态度上的镇静、精神上的乐观和心智上的理性是消除沮丧、克服忧虑，进行健全思考的前提。所以，一定要等到自己头脑清醒、思想健康的时候再来决定一些重大的事情。

不拿别人的错误惩罚自己

我们在平时的工作、学习和生活中，总会遇到一些不愉快的事，总是有人想不开，拿别人的错误来惩罚自己，其实，这是很愚蠢的。孩子调皮捣蛋，你生气难过；受到朋友的欺骗，你愤怒难忍；爱人的不理解，你也郁闷委屈。负面的情绪也许是生活的调味剂，但如何能将负面情绪的影响缩小，不让它影响到自己的生活，这才是最重要的。许多人之所以不快乐，大都因为他们不自觉地让别人控制了自己的心情，往往因为某件事或者某句话令自己很生气。一个真正懂得快乐的人是不会用别人的错误来惩罚自己的，他们会将快乐掌握在自己手中。如果因为别人做错的事而难过、伤心、愤懑，甚至吃不好饭睡不好觉，那就是在用别人的错误来惩罚自己。生活已经很不容易了，学会放下，碰到烦恼的事尽量绕道行，只有这样你才能活出自己的精彩人生。

生活是美好的，我们没有理由把宝贵的生命浪费在对别人的埋怨和痛恨之中。每个人都有自己的价值观，也有自己的生存方式，我们与其去勉强改造别人，不如好好经营自己的生活。如果拿别人的错误来惩罚我们自己，带着情绪去生活，那么我们的生活一定是不愉快的，长期的心绪郁结还可能给我们带来诸多身体疾病，这是得不偿失的做法。

正是因为每个人都具有不同的性格，不同的观点，不同的行为方式，才会形成这个五彩缤纷的世界。万千世界中，做事正直公正的人受到众人的赞赏与喜爱；狭隘自私的人，不择手段，令人作呕。

但是，我们无法预见自己碰到的是哪种人，然而，无论我们遇到哪一种人，我们都要以一种平和的心态去对待；尽管我们有时可能"吃亏"了，令我们"无法容忍"了，但我们仍要调整自己的心态，我们不能改变别人，也无法改变别人，只有改变我们自己，让自己不要生气。

不生气，不拿别人的错误惩罚自己就是爱惜自己的健康，就是给自己更多的机会和幸福。

顺其自然，学会淡然处之

面对生活中的磨难，我们需要淡然处之，你的心态往往也决定了你的性格，不要让自己成为一个阴郁的人，不要让自己成为一个孤僻的人，也不要让自己成为一个让人厌倦的人。无论是普通人还是身体上有缺陷的人，都需要有一个健康阳光的心态，因为谁都愿意跟这样的人交往。

不要因为你的缺陷自卑，也不要因为你的缺陷自以为是，认为别人就是有责任照顾你，认为谁都应该让着你帮着你，也许你的无理取闹是因为你没有安全感，也许你是为了想要证明自己的重要性，但是这样的方式只会让朋友越来越远离你，只会让本来爱你的人渐渐变得对你感到厌烦，你的烦恼和忧伤也会接踵而来。

人生真的很不容易，真的希望在我们年老的时候可以淡然地回顾我们这一生，然后告诉自己我的人生是如此充实而坦然，就算马上面对死亡我也可以毫不遗憾、毫不畏惧。

有时候，上天没有给你想要的，不是因为你不配，只是因为值得拥有更好的，而这更好的东西何时能够来到你的身边，或许是在经历了生命的繁华与苍凉之后，有一天它就悄悄地出现在你的面前。

人们常说："女人是感性动物，男人是理性动物。"女人往往被坏情绪控制，成为情绪的奴隶。女人的坏情绪让男人感觉不可理喻，女人该如何让自己保持稳定的情绪呢？

科学研究表明，"入静状态"能使那些由于过度紧张、兴奋引起的脑细胞机能紊乱得以恢复正常。你若处于惊慌失措心烦意乱的状态就别指望能理性地思考问题，因为任何恐慌都会使歪曲的事实和虚构的想象乘虚而入，使你无法根据实际情况做出正确的判断。以下几点是告诉您如何保持情绪稳定以便迅速进入"入静状态"的方法。

放松肌肉，做一些可以使你轻松愉快的事。当你平静下来，再看不幸和烦恼时，你也许会觉得它实际上并没有什么大不了。

驱除使你忧伤与烦恼的所有言行，保持你在遭受不幸和烦恼前的生活、学习和工作秩序。要记住：你的感觉和想象并不是事实的全部，实际情形往往要比你想象的好得多。

人所陷入的困境往往来源于自身，因此，对自己和现实要有一个全面正确的认识。这是情况突变面前保持情绪稳定的前提之一。

当你被暴怒、恐惧、嫉妒、怨恨等失常情绪所包围时，不仅要压制它们，而且更重要的是千万不能感情用事，千万不能随意做出什么决定。

当你处于困境时，要多想想别人，别人能渡过难关，自己为什么不能调动潜能去应对困难呢？

此外，大量的实践证明，平衡的心理是任何一个面临突变却不被突变所击垮的人所必备的心理素质。平衡心理的主要特征有以下几个。

要学会宽容。人世间没有十全十美的人，人外有人，天外有天，祈求事事精通、样样如意只会促使自己失去心理的平静，所以应先明了你可以稳操胜券的事情，并集中精力去完成它，你定会因此而感到莫大的喜悦。

不要怕工作中的缺点和失误。成就总是在经历风险和失误的自然过程中才能获得的。懂得这一事实，不仅能确保你自己的心理平衡，而且还能使你自己更快地向成功的目标挺进。

不要对他人抱有过高的期望。百般挑剔，希望别人的语言和行动都要符合自己的心愿，投自己所好，是不可能的，那只会自寻烦恼。

要学会让步，适当屈服。自尊心应是柔性而不是刚性的，应承认自己在某些方面不如别人。

多对他人表示善意。为家人、朋友做些力所能及的事，并以此为荣，以此为乐，这样将大大减轻你的烦恼，从而保持心理平衡。

时刻准备应付意外之灾的袭击。心理平衡的核心在于对可能出现的麻烦预先有所准备。这是每一个突变降临时心理仍保持平衡的人所时刻遵循的原则。

自我解嘲，给自己一点心理补偿

自我解嘲是高明的表现，似乎在嘲笑自己，其实不是，那正好显示了你的豁达胸襟，反而让别人对你刮目相看。女人要懂得在适当的时候运用自嘲，从而收到理想的效果。

自我解嘲是生活中常见的一种心理防卫方式，也是一种生活的艺术，是自我安慰和自我帮助的途径，也是面对人生挫折和逆境的一种积极、乐观的态度。其实，自我解嘲是一种很有效的语言工具。学会自我解嘲，幽默而又不失风度，也是摆脱窘境的最好办法。

自我解嘲其实就是以自己为嘲弄对象，自贬自抑，堵住别人的嘴巴，摆脱窘境，从而争取主动的一种舌战的谋略，而且自嘲自讽、自暴其丑，在一个侧面也显示出了一个人的坦诚。

假如一个人勇于暴露自己的问题，揭露自己的缺点，那么在别人眼里，这样的人往往更可靠，因此，聪明的女人们不妨放下自己的矜持，尝试一下自我解嘲，会收到意想不到的效果。

自嘲自讽，是幽默的最高层次，更有着绝好的讽刺效果。因此，聪明的女性在人际交往中要善于运用这个武器。

一、自嘲能帮你摆脱尴尬

自嘲是对着自己的某个缺点或者过失进行嘲讽。嘲笑自己需要一种气度和勇气。当我们勇敢地拿自己开玩笑时，别人也不会让自己孤独自笑，而是表示可以理解并善意地看待你的过失。在人际交往中，假如你用自嘲来对付窘境，不仅能很容易找到台阶下，而且还会产生幽默的效果，使尴尬在轻松的笑声中消失殆尽。

古代有人名石学士，一次骑驴不慎摔在地上。遇到这种情况，一般人一定会不知所措，可这位石学士不慌不忙地站起来说："亏我是石学士，要是瓦学士，还不摔成碎片？"

一句妙语，说得周围的人哈哈大笑，石学士也在笑声中免去了自己的难堪，而且给人留下了机智诙谐的印象。

二、自嘲能为你的生活添加情趣

在一些社交场合，假如能够准确适当地运用自嘲，不但可以增添谈话的乐趣，使气氛变得融洽，而且还能够增进彼此的了解和感情。

胡适在某大学讲课时，引用了不少孔子、孟子和孙中山的话，于是在黑板上写上"孔说、孟说、孙说"。当他发表自己的意见时，他说道："因为我姓胡，就为'胡说'。"并在黑板上写下"胡说"两个醒目的大字。学生们一看，大笑不已，课堂气氛一下子活跃起来。

胡适的睿智和幽默由此可见一斑，这样的自嘲实在是高明之极！轻松地写上两个字，就把紧张的课堂气氛调节得活跃起来了。

三、自嘲能化矛盾于无形

在人际交往中，假如自己的失误引发了对方的对立情绪，那么在这时如果能恰当地自嘲一番，就能将可能出现的危机化解。

假如在谈话中，自己语言上的不文明令对方感到不舒服，这时一定要悬崖勒马，用自嘲来婉转化解。这样，能给对方心理上的安慰，可能出现的矛盾也就消失了。

人际交往中把自嘲当作化解矛盾的工具，是要讲究一定技巧的。在发现自己说错话之后，要机智地将话题引向自己，通过对自己的善意攻击来消除对方的敌意，进而转移对方关注的焦点。这样不但能够不露痕迹地顾全对方的自尊心，而且还能缓和紧张的气氛。

四、自嘲是一种有效的幽默反击方法

如果想讽刺反击别人，学会运用自嘲，嬉笑怒骂，寓庄于谐，往往能收到奇效。

被誉为"世界女排第一重炮手"的海曼生前曾和一个白人恋爱，但最终却因肤色种族问题分手。海曼成名后，这个白人去找她说："亲爱的，我们和好吧，现在你已经是世界闻名的大球星了，我非常渴望和你在一起。"

海曼轻蔑地一笑说："不知道你爱的是我的名气还是我这个人？如果爱的是我本人，我现在仍然这么黑。如果爱的是我的名气，那么，这个问题很好解决，请去买球票看球吧！"

自嘲自讽术的巧用，可以帮助我们在幽默、风趣、令人愉悦的情况下，取得令人满意的结果。当然，自嘲自讽，也需要注意场合，审时度势，相机而行，而不是没有品位地胡乱开玩笑，更不能自轻自贱，自嘲在很多时候恰恰是为了维护自己的尊严。只有适时合理地运用自嘲，才能充分发挥其独特效果，为自己的人格风范增添光彩。

当然，不管哪一种方法，都需要注意场合，自嘲自讽也不例外，注意场合，审时度势，相机而行，才能充分发挥其独特效果。女人们要明白，只有放下自己高傲的身段，适时地自嘲一下，自己才能在人群中，更引人注目。

过安静从容的生活

什么样的人生才能算是安静从容？度过了繁华洗尽了纤尘的人应该懂得。在无名无利的人生阶段能够坚强乐观，放大自己的快乐，缩小自己的悲伤；在功成名就、众人追捧的时候，能够保持平常心，做最自然的自己。在安静从容的时光里做自己喜欢的事，那是一种惬意的享受，是即使你在顶级的咖啡店里喝着一杯昂贵的咖啡也感受不到的快乐。

所有的女孩都应该拥有内心的丰盈与善良，当你们的身上具备了这些可爱的闪光点，你们人生的道路也会随着这些闪光点变得笔直而宽敞。就像席慕蓉说的："原来岁月并不是真的逝去，它只是从我们的眼前消失，却转过来躲在我们的心里，然后在慢慢地来改变我们的容貌。所以年轻的你，无论将来遇到什么挫折，请务必要保持一颗宽容喜悦的心，当十几年后，我们再相遇，我才能很容易在人群中把你辨认出来。"

当你拥有了安静从容的人生，你生命的长度即使没有产生变化，但生命的广度已然能够超越以往。双倍的快乐、双倍的收获、双倍的给予……这么美好的事物让我们将自己的生命活得更精彩。特别是能够坚持自己喜欢的事的人，比如说年逾古稀却在环游世界的老人，比如说身体残疾仍在跑道上飞驰的巨人，比如说不受外界影响可以活出自己的精彩的年轻人……这样的故事太多，多得让人无法一一细数，但他们身上的精神却是一致的，那就是在有限的生命里坚持做自己想做的事，把每一天都活得很精彩，让生命为我们欢呼，让人生因你而精彩。

现在我们知道了，在安静从容的人生里，不代表我们不用去冒险，不代表我们可以不去奋斗拼搏，只是在那样的大环境里，我们需要保持自己一个稳定的心态，保持一个乐观的心态，继续坚持自己喜欢的事，继续努力应该努力的方向。或许它不能立竿见影让你有什么收获，但你要知道这样的人生终究对我们是有益的，这样的心态终究是能够让我们有所收获的。

现在很多年轻人在纷聚的城市里迷失了自己，不知不觉走上错误的道路，他们的心过于浮躁，他们想取得成功，想拥有金钱，但并没有脚踏实地地去努力，最后毁了自己的一生。特别是对于一个女孩，一定要有自己正确的价值取向，获得成功固然重要，但获取成功的方式应该需要考量，否则就算你功成名就，鲜花掌声环绕，当你独自处于一个封闭的状态，你仍会为自己卑劣的手段、失败的人格而内疚、心痛。

有时候我们宁愿不去追求那些过眼云烟，只要过好自己的生活，该来的终究会来，该有的终究会有，如果你的生命里不该拥有，那么也不必强求。安然地度过、从容地接受，这也是一个智慧的女子应该拥有的状态。

抛弃不良的生活习惯

作为职场中的女人，我们骄傲，我们感激，因为我们拥有一份养活自己、养活家人的工作。在每天忙忙碌碌的工作中，在匆匆忙忙的脚步穿过人流中，在华灯初上的应酬中，我们虽然也难免感觉疲累，但在节奏紧张的生活中，也同样享受到了生活的充实，人生的价值。

工作、忙碌、价值，都为职场女人描绘出了美好的蓝图。但是，当我们女人的体力、睡眠、感情在职场中透支，致使一些不良的生活习惯，已悄然纠缠上了自己。有时，我们沉湎于不良生活习惯方式的伤害，却还完全不自知。

生活节奏越来越快的都市职场生涯，使女人们越来越忽视早餐的重要，为不吃早餐找到诸如太忙、来不及、要迟到了、减肥等五花八门的理由，可是不吃早餐带来的危害却在暗暗侵袭女人们的健康。

其实，早餐是一日三餐中最重要、最不可或缺的一餐。因为人们的身体在经过一夜长时间的睡眠休息后，肠胃的蠕动及消耗，需要我们在早餐中摄取丰富的营养，来承接整日的消耗，才能迎接一天的工作、学习。

近年来，专家经过多年的大量事例对比，研究结果显示：每天有着良好习惯坚持吃早餐的女人，与随便对付早餐或是不吃早餐的女人，更不容易长胖。因为那些不吃早餐，或马马虎虎对付早餐的女人，营养跟不上，在随之而来的饥饿感中，她们通常会选择一些过于油腻的食品，在狼吞虎咽中加倍补偿回来。所以，经常不将早餐当回事，或完全忽视早餐的女人，比重视早餐的女人患糖尿病和冠心病的概率高。不吃早餐，坏处多，更不会达到减肥的目的。营养学家研究发现，早餐在人体内，最不容易转变成囤积在腹部的脂肪。不吃早餐，等着午餐的补偿，反而会因吃得过多形成肚腩。

所以，精致的早餐决定一天的好心情，能保障一个人将一天内所吃的精华，在体力最旺盛的时间内消耗掉。精致的早餐，是我们一天好胃口和好心情的开始与延续。

职场中的许多女人都知道多喝水、多吃水果和蔬菜，对身体有助益，但有些女性会以零食代替正餐。大部分零食都缺少维生素和矿物质，让正常的营养得不到吸收。

在电脑前长时间伏案工作，缺少活动，致使全球每年有近200万人死亡。世界卫生组织研究结果显示，久坐不动是导致死亡和残疾的十大原因之一。经常在电脑前加班、熬夜，会影响身体健康，同时，也不知不觉使我们心情浮躁，不能始终如一地坚持某一种事情，患得患失、情绪紧张。

　　职场中的女人应该懂得，良好的工作习惯，并不仅仅是指工作。在处理工作任务的同时，我们的身体和大脑也需要好好呼吸一下新鲜空气，更要保持女人持之以恒的良好心态。

　　在工作中，女人应该抛弃结构不合理的饮食习惯；抛弃久坐不动的工作习惯，多运动，让充沛的精力陪伴我们快乐地工作、高效地工作。

　　总之，我们职场女人要抛弃不饿不吃饭、不渴不喝水、不累不知歇、不安排工作不会主动找事情做、接受表扬情绪高扬、一旦对其工作提出建议便垂头丧气，还有酗酒、吸烟、晚上熬夜玩乐等坏习惯。

　　抛弃不良的生活习惯，形成一个良好的习惯，决定一个女人一生的健康，成就一个女人一生的事业。

　　让我们女人多姿多彩的幸福人生，从养成良好的生活习惯中滋养出来。

适度运动，做容光焕发的自己

影视剧里展现的各类名牌打造的优雅身影，精灵般飘逸于装修精致的办公大厦间，高薪带来的从容淡定，给白领女性的生活，镀上了一层令人羡慕的光环。可是白领女性一族，却因漫长的工作时间和亚健康的身体，覆盖着这层光环。

其实，要想改变这种精神不振的亚健康状态，最重要的，就是要坚持适度的运动。

"生命在于运动。"女人们在电脑前久坐不动的工作方式，不符合生命的意旨。运动可增强体内的新陈代谢，可以保持体力不衰，让女人变得理性、积极；运动能使女人血液流畅，所产生的汗水也有助于清洁毛孔深处的污物，令女人容光焕发。

《吕氏春秋》说："流水不腐，户枢不蠹。形气亦然，形不动则精不流，精不流则气郁。"《华佗传》中指出："人体欲得劳动，但不当使极身尔。动摇则谷得消，血脉流通，病不得生。譬如户枢，终不朽也。"老祖宗都强调运动对于人健康的重要。

所以，女人不要因为工作太忙，不要因为年纪增长，不要感觉到体力太差，就不参加运动。

清晨，当一缕金色的阳光，洒入我们惺忪睁开的眼帘时，我们就应该在运动中，开启一个新的工作日。调动起身体的每一个细胞，让肌肤在畅快淋漓的汗水中容光焕发，让身随心一起适时运动，抛开现实的种种烦恼，在运动中给负累的心放个假，或让所有的压力与不快，随着一身赘肉带来的焦虑情绪，都随着汗水一起流走。

忙碌、拥挤，使职场女性的生活节奏高速运转；位子、车子、房子，使现代人的工作压力超出了负荷。不知不觉中，女人的心情，为一些微不足道的小事而变得烦恼、紧张，为一些微不足道的口角，心生愤怒，甚至大动干戈，产生怨念。

运动，洗涤心灵的复杂，拒绝无序、低效率的忙碌，让我们的身心像白云般，绽放于幽蓝的天空之下。适时运动，让我们做回容光焕发的女人。在工作间隙，不要久坐在电脑前不动。站起来，舒展筋骨，活动一下，不但缓解酸痛不适、提神醒脑，更能预防肥胖。我们只要站起来，扭扭头、抬抬腿，只需几分钟就好。

适时运动，做容光焕发的自己。不再以"没时间"为借口，任由身材走形、脚步沉重。其实，适时运动，就是在上下班时，少坐一次电梯。爬爬楼梯，也可以让我们的身体得到锻炼。

生命的发展在于运动，运动又是生命发展的动力和源泉。运动是保证人体代谢过程旺盛的重要因素和形式，能令女人精神振奋、心境开阔、容光焕发，生命也因此而呈现出新的意义。

生命不息，运动不止。让适度的运动，使女人容光焕发，生命常青、幸福充盈。

用合理的方式缓解压力，轻装上阵

压力，是每个人的身心对外界刺激和既定目标的自发心理准备。

在竞争激烈的当今社会，每个女人身上都背着一堆压力，因工作忙碌使身体状况亮起了红灯；尤其身在职场，领导的要求越来越高，工作标准越来越精细，往往令女人有种喘不过气、快要窒息的感觉；沉重的工作量和绑手绑脚的感觉，更易使女人们在工作中看不到未来的希望，使倦怠丛生，压力倍增。另外，由于失恋、家庭不和睦、人际关系与生理的变化，也会使女人陷入孤立无援、挫折不断、极度恐惧、烦躁不安的压力之中。

压力，似乎是无处不在，或者说来自各方面的压力，本来就是生活中悄然存在的一部分。我们每个女人，在工作或生活中，都不可避免地感受到来自各方面的压力。而这些不同的压力，有些是因别人的要求加在自己身上，有些则是自己身处既定的目标之下，自己给自己制造的压力。适度的压力，能促使我们女人注意力集中，全身心地挖掘自身潜能，顺利完成任务或既定目标，甚至会在重重压力之下，完成某项创新和挑战。

身为上司，当员工本可以完成的工作任务，却在为自己的懒惰找借口说没有办法解决的时候，就得给其适度地施加一点压力，必要的时候，甚至可以使用"威胁"手段，使下属感受到压力，消除惰性，使自己的智慧充分展现出来，才能给上司想要的结果。

完全没有压力的工作状态，是不可能、不可取的，也不利于一个人的成长与进步。但是，压力得讲究度。一旦超越了女人的承受范围，压力就会引起血液里的激素急剧突变，削弱机体的免疫力，使女人易受病痛侵袭。有的女人，甚至因为压力过大，导致记忆力衰退，更有严重者，在郁郁寡欢中，竟然会在一瞬间，产生厌世情愫而导致一些过激行为。世界卫生组织称工作压力是"世界范围的流行病"，不可忽视。

生活中，合理地释放压力，是女人应该学会的让自己身心健康的方法。

有的女人会用深呼吸的方法来缓解郁闷的压力，有的女人会用倾诉法来缓解思想上的压力，有的女人会用睡眠法来缓解工作上过于疲劳的压力，还有的女人在美妙的音乐中，让浮躁的心情归于宁静来减压，有的女人会去风景名胜之地减压，还有的女人用哭泣、写日记、找心理专家咨询来减压……总之，缓解压力的妙法，因每个女人的爱好、习惯而异，因身处的环境而异。

缓解工作压力最有效的方法，就是女人要在烦琐的工作中寻找到乐趣，只有带着快乐的心境工作，那种乏味、窒息的工作压力，才会得到有效改观，而且工作效率也会大大提高，更会让女人有意料之外的惊喜。

专家指出，当心情压抑、焦虑、兴趣丧失、精力不足、悲观失望的压力涌上心头时，要学会自我调节，找到适度发泄的渠道。

职场中，学会适当的缓解压力，则是女人身心健康、事业成功的重要保障。

体育专家建议说跑步、转圈、疾走、游泳等运动，都是女人缓解压力的有效方法；心理专家说，与他人进行愉快的交往，有效地表达自己的需要和感情，是女人缓解压力的良法；医生说多晒太阳，振奋精神；文人们说阅读美文净化心灵，也是女人缓解压力的处方。

减缓压力，让精神轻松起来的办法，就是女人要懂得合理发泄，保持心理平衡。每天给自己腾出一点合理的时间来休息、来冥想，懂得与人为善，将不良的情绪得到有效宣泄，让压力得到解脱，心理得到平衡。

女人，别怕！别担心，阳光总在风雨后，办法总比压力多。在压力产生的处境中，总能找到适度的缓解压力的方法，变压力为动力，在如释重负的压力之上，开出幸福的花朵。

第六章

追求梦想,
掌控自己的人生

人生是一个奥妙无穷的旅程，在这个旅程中，美好的女人是一个不断学习，不断提升的过程。女人要不断地提升自我，保持永恒的智慧魅力。内外阳光的女人，会把挫折碾作泥土，铺平在前进的道路上；把得失砌成一个闪光的舞台，让幸福在上面欢快地舞蹈；内外阳光，幸福闪亮。

要知道自己的优势和兴趣所在

女孩子们大学一毕业，往往会急切地想找到一份工作，因为她们需要独立，不想再依赖于父母而生活。当她们如愿以偿地找到一份自认为薪金比较高、待遇也不错的工作，打算大干一番时，却发现无论自己怎么努力，如何付出，工作仍是没有起色，以至于开始怀疑自己的能力！

其实，只要稍加分析就会发现，这一切与能力、学识并无关联。选择比努力更重要，人应该找一个适合自己的方向，如果方向选错了，所做的努力就是在为错误而做准备。

她学的是计算机专业，性格比较内向，不擅长组织、领导和人际交往。尽管她很喜欢自己的专业，但是听父母说公务员很风光又有保障，她自己想想也觉得有道理。于是，从大三开始就以从事行政领导职位的公务员为目标，在她不懈努力下，终于如愿以偿，顺利地通过了笔试，但在面试中，却由于不善言谈而被淘汰。

这样一来，一年多的努力付诸东流。她真的想不开，总是听人说"有志者事竟成"，只要付出了就有回报，为什么自己的付出却一无所获呢？

其实，她的失败，关键不在于她没有努力，而在于选择的职业不是她自己所喜欢的，只是出于父母的期待而已。女人要想成功，首先就得选择一份你喜欢的工作，因为喜欢，所以投入。一个人一旦将自己的全部身心投入到自己喜爱的工作中去时，她才是最快乐的，而且是满足的快乐，是成功的快乐。而要取得最大的成功，就要在工作中体会到自我实现的快乐，这是事业成功的基础。

乔布斯在美国斯坦福大学的毕业典礼演讲中，说了一段这样的话，"你的时间有限，所以不要将其浪费在别人的阴影之中。不要让他人的意见淹没了你自己内心的声音。"

就像心理学中"瓦拉赫效应"所阐述的道理一样。其实，奥托·瓦拉赫是诺贝尔化学奖获得者，他与心理学根本不沾边，之所以以他的名字来命名这个心理学效应，是与他个人的成长有关。

当年，瓦拉赫在读中学时，父母为他选择了一条文学之路，不料一学期下来，老师为他写下了这样的评语："瓦拉赫很用功，但过分拘泥，难以造就文学之材。"此后，父母又让他改学油画，可瓦拉赫既不善于构图，又不会润色，成绩全班倒数第一。面对如此"笨拙"的学生，绝大部分老师认为他成才无望。不过，在成绩单上众多不及格的科目中，只有化学课的成绩独树一帜，每次都是满分。父母问起瓦拉赫原因时，他说："因为我觉得化学世界充满无限奥秘，我喜欢它。"

为此，父母尊重了他的选择，这下瓦拉赫智慧的火花一下子被点燃了，终于获得了成功。从此，在心理学中，人们把那些因为喜欢某个事物，而取得成就的现象称为"瓦拉赫效应"。

从中可以看出，当人们一旦找到了发挥自己智慧的最佳点，使智慧能得到充分发挥，便可取得惊人的成绩。

如今，男女平等已然成了社会的主流思想，女性也必须自食其力，到社会上工作，所以不论男女，都会面临一个"入行"的选择，不仅男人怕入错行，女人在择业时也更需小心谨慎。

工作占据了我们日常三分之一的时间，世界上最快乐的事，莫过于拥有一份自己喜欢的工作。因为喜欢，所以可以全力以赴，慢慢就会发现，自己做的每一件事都跟理想越来越接近，效率就会越来越高；如此也就越来越喜欢自己的工作，而相应的投入就更多，快乐也更多；当乐在工作中时，做事情的品质就更好，因此也能得到更多人的肯定与支持。这时，你就会变得自信、乐观，浑身散发出迷人的魅力。

追逐梦想，为自己设定目标

有人说，女人的一生就好像一个圆。爱情是圆点，事业是半径。没有事业的女人只有一个点，只有事业才可以把自己的人生画成圆，画上丰富美丽的内容。

在当今社会，女人没有自己的本事，没有自己的事业，无法自食其力，靠男人养自己真的靠得住吗？

其实，大多数男人的心中，都希望自己的女人能成为与自己同进退、心有灵犀的知己。由此，身为女性你将不难发现，在这个崇尚个人奋斗的今天，还是自己先干得好，生活才保险些，靠自己最可靠。在事业和婚姻之间求得一种平衡，两个人各有事业，经济独立，并肩作战，才能共同感受到幸福的滋味、爱情的甜蜜。

什么样的女人最美丽？独立的女人最美丽。时代的潮流已经转变，现在的男性需要的早已不是一个只会撒娇、等待回报的女人，他们真正需要的是一位助手、一个伙伴，而不是只会让别人照顾的小女孩。大多数男人不会找一位小女儿型的女人做伴侣。女人必须了解，男人也有脆弱的一面，他们也同样需要旁人扶持，同样也具有强烈的依赖性。在男人眼中，处处显得无助的女性连自己都照顾不好，又何谈照顾他人呢？

在不断重视女性价值的今天，一些女性开始在婚姻之外寻找更加独立的人格和尊严。婚姻，不再是现代女性生命中唯一重要的选择和归宿，它被赋予了一种更深层次的意义。既要有事业，又要婚姻经营得幸福。事业可以让女人在精神上找到寄托，同时使女人在经济上得到独立。

事业让优雅的女人一直处于社会交往之中，心态会永远年轻。聪明的女人应该拥有自己的工作，不能抱着"干得好不如嫁得好"的依赖思想；就算家庭生活不需要你的收入，哪怕收入再少，也不要不去工作，因为你要的不是那些收入，而是工作带给你的自信。

当女人真正面对丈夫的背叛的时候，有工作的女人就更有尊严。虽然物质生活水平也许会降低，但是作为人的尊严是不能打折的。

对女性而言，爱情与事业永远是她们人生中的两大主题。可是，如果爱情与事业必须做出一个选择的时候，到底应该选择爱情还是选择事业？

年轻的时候，或许你会不假思索地回答：选择爱情。但是，经历了沧海桑田你一定会说：女人也应该像男人一样，不能没有事业，尤其在当今社会，事业绝对是女人的必需品。女人只有取得社会的认同，发挥自己存在的价值，才能从心底自信起来，才能赢得男人的爱，才能得到家人的重视。

越来越多的现代女性早已经不再把结婚、家庭当成自我实现的顶点，而是强烈地把知识和事业看成是与爱情、家庭同等重要的人生支柱。爱情固然是生活的重要组成部分，但它绝对不是生活的全部。一个追求事业成功的人，可以把握住事业陪伴自己一生，但一个追求爱情的人却永远也无法把握住爱情能陪伴自己一辈子。爱情是最不稳定的分子，是最难保鲜的东西。只有做自己喜欢的工作，干出自己满意的成绩，才会永远证明你的价值。

不断提升自身技能，不断超越自己

在社会激烈的竞争中，女人相比于男人更多地要照顾孩子、老人，要操持家务，工作上却要和男人一样去拼搏。女人只有不断提高个人技能，才能在事业上有更大的发展。你可以去上电脑课、商业书信或科技写作课。你也可以培养自己做简报的技巧，或者学习排版或试算表软件。你应该利用这段时间，使自己的条件变得更好，充实一下你的实力。

如果你的经济条件许可，你还可以做你喜欢做的事。这是拓展你在该领域的人际关系与增加自己能力的绝佳方式，也能使你的履历表更吸引人。许多组织对于有你这样有经验与才能的人都愿意帮忙。记住，这是你找到一份全职、固定工作的过程之一。此外，一些专业的慈善组织、志愿者协会都需要更多的人，协助他们办活动或志愿服务。

也许有的女人认为失业这种事永远不会发生在自己身上。"我有终身职务""我有年资""我的职位是百人之上""我备受尊敬与爱戴"，可是别忘了，连总裁都可能被炒鱿鱼。人际关系广博的企业白领，因为新的管理团队入主公司，原本的光芒黯然失色。这种事情是说不定的，不管你是谁或你认识谁！有人做过调查，发现许多人都是在毫无预警的状态下失业，其中还有很多经理人，根本不知道公司要缩编。

有时候你看得到前兆，有时候你却又看不到，或者是你自己故意视而不见。无论是何种情况，所要面对的残酷现实都一样：失去身份、自信，没有方向，随波逐流。通常，这种事情只要发生在你身上一次，你就会发誓下次绝不让这种事情在毫无防备的情况下发生。惨痛的教训往往是最难忘的。

失业者中有许多都缺乏有效的人际关系网；许多人在技能培养方面，需要好好加强；许多人都有很大的失落感，但他们愿意接受训练。

当你失去工作重新找工作时，一定面临很大的压力。当然，开始的最好时机，应该是裁员的风声一出来时就行动。如果你感觉到公司要裁员，如公司的财务状况不好，或者有被并购的风声，相信你的直觉，大祸可能就要临头了！尽一切可能，为下一份工作做好准备。找一份新工作要花的时间，可能比你想象的要长得多，尤其当你是高薪阶层的人。

还要记住，新的职场趋势使得工作稳定性降低，而需要有更多弹性。这次可能只是牛刀小试，所以如果你能发展一套有效策略，以后绝对用得上。

如果你的饭碗眼看就要丢了，马上开始分析你的情况！别骗自己船到桥头自然直，以为裁员裁不到你，或者想以后再说。大部分的商业与管理专家都承认，虽然有些公司还是会以员工福祉为重，但商场毕竟不是慈善事业，一切还是会先以利益为考量，即使要大幅裁员也在所不惜。身为员工，一定要懂得如何为自己安排出路。首先，老老实实地评估自己的技能，如果没有学位，是不是就与心目中的理想工作绝缘？要换到另一家公司，担任与现在相当的职位，是不是得先进修或接受训练？在今天的工作环境下，你的学位是否已派不上用场？

但如果你没有其他的一技之长，是不能靠学位吃饭的。你懂不懂其他技术？你的面试技巧需要加强吗？履历表是否该找人指点一下？是否有广博的人际关系？培养这些技能，其实没有想象中那么难。而且，你有别的选择吗？付出努力，好好培养扎实的生涯管理技能，将会使你一生受益。

时代在发展，女人对自身的要求愈来愈完美，她们不断进取，不断超越自我。她们展现了女人妩媚、柔韧、坚强的风采。

女人成功的动力源于拥有一个值得努力的目标和抛开自我，放眼寻求生命的真谛。胸怀大志的人所显露的一个显著特征就是他们勇于超越自我，全力以赴圆自己心中的梦。

成功不是扬扬得意地炫耀自己所取得的成就，也不是为一点小小的成绩而自满。如果你有一双强有力的手，不仅带动你自己，而且也能帮助那些寻找目标、坚持不懈的人，你才能算是获得了更大的成功。

追求超越自我的女人，每一分每一秒都活得很踏实，她们尽其所能享受、关怀、做事并付出。除了工作和赚钱以外，她们的人生还有其他意义。若非如此，即使身居高位，生活富裕，你也可能仍感到空虚。

要享受成功，必须先明白自己工作的目的，辛勤工作，夜以继日，更要有一个切实的目标。财富以外，更重要的是幸福。

人生战场上真正的赢家大都目标远大、目标明确，她们追寻生命的真谛和超越自我。她们能够把生活的各个层面融合为一体。为了享受生活的乐趣，她们不仅剖析自我，而且爱从大处着眼，展望生命的全貌。

不论是今人或古人，都对我们今日的生活有莫大的贡献，因此，我们必须竭尽所能，以求回报。我们必须要超越自我，全力以赴，为更加美好的生活而努力，以求突破现状，开创新局面。

同样，职业女性也需要梦想。

在现实社会中，很多事物等着职业女性去挑战，贫困、疾病、危机、缺乏爱意等各种社会现象令人不寒而栗，拥有梦想才能拯救自己。

太现实的女人往往会失去梦想。善于梦想的女人，无论怎样贫苦、怎样不幸，她总有自信，甚至自负。她藐视命运，她相信较好的日子终会到来。一个女人的梦想的实现，往往可以感应起一串新的梦想的努力。

勇敢得体地表现自己

在工作中，员工努力按量地完成工作是分内的事，可是不要认为有多少付出就一定有多少回报。你的努力老板不一定都看到了，也就不一定能按你实际的工作成果给予肯定的评价，加上职场中争功和暗箭伤人的事件时常发生，你的付出和心血可能付之东流你却不知道。所以，女人别只顾着埋头工作，也要让自己的工作"物有所值"！要重新树立你的观念，刷新你的观点。

最主要的是不能吃"老实亏"。有很多老实人，数年甚至数十年如一日的不声不响地埋头苦干。因为在老实人看来，只要他努力工作，就一定能够得到应有的奖赏。老实人以为，每一位员工的工作表现都在老板的视野里，老板对员工的评价自有明见。然而事实是，这种想法太过简单了。通常，做老板的思想里，往往会把注意力放在比较麻烦的人和事上面，规规矩矩、脚踏实地做事的人反而容易被忽视。

其实，我们得不到重用和升迁的原因不是因为老板"近视"，更多时候是因为我们自己不会表现自己而引人注意，这是影响老实人发展的一个认知陷阱，职场上的女性千万不要成为这样的老实人，也不要掉进这个认知陷阱里。

在惯性的思想深处，我们一向以"谦逊"为美德，不习惯大大方方、直接地"宣扬"自己，同时也对他人的"争强好胜之心"存有非议。所以，自己明明在工作上做出了贡献，也不敢表达，害怕同事说自己喜欢表功。适当的谦逊是好的，但是过分的谦逊吃亏的就只有自己了。人生是一个发展的过程，它包含着两个相互联系、相互渗透的方面，一个是建构自己，它是指人对自身的设计、塑造和培养；另一个是表现自己，也就是把人的自我价值显现化，获得社会的实现和他人的承认。表现自我绝对称不上是什么错，这世上如果没有了"表现"，恐怕也就没有天才和蠢材的区别了。因此，我们不用因"谦逊"而拒绝"表现"，两者不是矛盾的。

一位在外企只工作了四年就做到公司高级副总裁的女性，有人问她怎样才能在一个公司飞速攀升？她说："当然要凭能力，不过，这个能力不是通常意义上的'真才实学'，而是指表现能力的能力。"的确，即使你有治国安邦的能力，如果不表现出来让人注意，那么别人又怎么会知道呢？

人在职场，除了认真工作，提高自身能力外，还要"敢于表现"，这样才有出头的一天，但是光会这一点是不够的，同时也需要"善于表现"，不要让人感觉自己的表现欲过强，那就变成了张扬和嚣张了。

从人的本性上说，每个人从内心深处来说都是"爱表现"自己的。所以，很多时候别人未必是反感"爱表现"。别人反感的是，这个人只顾自己表现，而且把别人表现的机会都抢走了，过分自私。说白了，就是表现得过了头，凡事都有一个度。本来是好事，要是做过了头就变味了。试想，如果你老以自己为"主角"，把他人当"观众"，那么这台戏肯定是唱不久的。没有了他人的表现机会，他人就会拆你的台，让你孤零零地唱"独角戏"。

总而言之，想要成为在职场上的聪明女人，就要学会展示自己。但是如果让别人看出你的表现欲过强，看出你的一举一动都是为了表现，那么他们会认为你没什么本事，反而会轻视你，还会认为你是在"弄虚作假"，没有真本事。这样的话，老板和同事就会不喜欢你，因为他们不喜欢不坦诚的人，觉得这种人不可交、不可信。

所以，女性朋友们切记：一旦有机会表现自己，每个人都要用一种间接的、自然的方式表彰自己的功劳。如果不习惯自我推销，可以利用自己周围的人，请别人从客观的角度助自己一臂之力。

坚持自我，做自己的盖世英雄

成功的人生始于策划，就好像好看的花束缘于剪裁和搭配一样。如果任由天然去雕饰，就算是清水出芙蓉，其结果也常常如空谷幽兰，虽然有着不以无人而不芳的高洁，但最终也只能寂寞地凋零。唯有经过策划的人生才可以枝繁叶茂春色无边。

女人的成功有两个方面：事业的、家庭的。事业的成功让女人芬芳绚丽，家庭的成功让女人安逸、甜蜜。事业成功的女人让男人仰慕，甚至自叹弗如；家庭成功的女人是男人掌心中的宝贝。为了让自己成功，女人需要策划人生目标。

有了人生总目标，在人生各阶段把总目标分解为各阶段性目标，然后埋头苦干，不达目标绝不罢休。这样的人生虽然疲惫，但成功者不在少数。

确定自己的目标时需要注意以下三点。

你确定的目标是合理的，与你的身体条件、能力、时间是相吻合的。你必须感受到胜利和愉快，才能进步。

在确定目标时必须注意，即你所订的目标的确是自己想做的事。

目标是可测性的，不能把"我要看很多书""我要干出更多的工作成绩"这种模糊不清的目标拽入自我领域。

如果忽略了这三点，目标可能成为悬崖上的红果，可望而不可即。"一个人要是没有确定航行的目的港，任何风向对他来说都不是顺风。"但是如果通往这个目的港的路上有太多的礁石，很可能这种航行等于毁灭！

现代的职业女性要面对的不仅是新时代的不安定、不可测的多变经营环境，同时还要面对来自上司的压力，来自公司同事和部属的挑战，来自公司经营策略的变化……这群人所面对的生存的压力与危机绝不是努力加苦干就能应付的。因为，每天都会有新的竞争对手在她们身边不断涌现。此外，她们所面对的还将是市场竞争的不断加剧，利润空间的无限压缩，而压力也绝非仅仅来自外在的空间，更有自身的自危感受。

要想成为一个成功的女性，两个字："勤奋"。大多数的工作除了需要专业知识、晋升机会、人际关系，最不可或缺的其实就是孜孜不倦的勤奋工作。要成功和创造财富指望的并不是奇迹和幸运。

面对老板交给你的艰苦的任务，你需要竭尽全力，必要时牺牲一下休息时间也是应该的。事实上，你若想比常人取得更大的成绩，你付出的肯定要比常人多。一个员工切记要认真地去对待老板的每一个指令，否则你是很难成功的。与此同时，也应该掌握一个度，不至于因为过于疲劳而搞垮了身体。

一天24小时，8小时用来睡觉，剩下16小时则是工作和休闲的总和。如何处理好时间的有效配置以达到效用最大化，并不是一个很轻松的问题。

作为公司的核心员工，你一定会为了公司的前途而费心劳神，你甚至很想变成三头六臂的神仙来处理那些烦人的事务，在这种情况下，不妨给自己划出一个时间域，在这个时间域内不要被那些麻烦的工作所牵制，彻底地放松自己，给自己一个调整和松弛的机会，以便有更好的精力投入工作。

一个好的人生策划，不仅使你找准了方向，有了明确的奋斗目标，而且能让你合理并有效地利用好时间，从而让你轻松自如地迈向成功的彼岸。

可以平凡，但不可以平庸。平庸是对生命的不负责任，一个有思想的女人绝不会让自己平庸下去，不管结果如何，只有试过了才不后悔。天空中没有鸟的影子，但我已飞过。

做一个好女人难，做男人眼中成功的好女人更难。但很多女人还是做到了。

生活中，出色女性比比皆是。她们都是不甘于平庸的女性，要做就做到最好，是她们前进的动力，也是成功的先决条件。

不断为自己"充电"，让梦想不只是想想

每个女人都是一本书，而一个优秀的女人更是一本永远也让人读不够的书。这是因为优秀的女人懂得不断地给自己"充电"，让自己更完美，更充实。这种女人也许没有艳丽的外表和炫目的青春，但是在人群里，总会散发出一种别样的光彩，这就是自信。

据统计，当今世界90%的知识是近三十年产生的，知识半衰期只有五至七年。而且，人的能力就像电池一样，会随着时间和使用逐渐流失。因此，人们的知识需要不断"加油""充电"。白天谋生存，晚上图发展，这是21世纪生存的起码原则。比尔·盖茨就讲过一句话："在21世纪，人们比的不是学习，而是学习的速度。"

其实，稍加留意就不难发现，很多成功人士的成长之路都是这样，他们一边积极地创造机会，一边不断地实现自我提升。不要担心自己是丑小鸭，越是自卑的人越难变成白天鹅，同样都是人，别人可以做到的，我们一样能够做到。

人们习惯用"秀外慧中"来形容优秀的女性。在这里，"秀外"是

先天的条件，是父母赐予的；而"慧中"则不同，除了需要一点天赋外，绝大部分还是靠自己后天的主观努力来实现的。在两者中间，"慧"比"秀"更能体现女人的魅力和涵养。因此，聪明的女人懂得怎样为自己充电，来实现自己的"慧中"。

优秀的女人，不会以家庭为自己生活的中心，她不会整天围着老公、孩子转而没有自己的空间，她们会抽出时间去郊外游览，在大自然中吸取灵气，她们还会给自己的心灵开辟一个独立的空间，来卸下生活的沉重和疲惫。优秀的女人也不会把事业当成生命的全部，她们会把工作当成乐趣，会在闲暇之余，给自己"充电"，让自己永远保持着成熟和豁达。

女人的魅力和智慧是可以后天打造的。聪明的女人知道，只有不断给自己"充电"，不断补充能量，才能成为一个优秀的女人。那么女人应该如何给自己"充电"呢？

一、给自己明确的定位

这是最基本的条件，就像画家在落笔之前先要打腹稿一样，我们在规划人生路之前，也要先给自己找准一个位置。我是怎样的一个人？我要想做什么事情？我对什么样的工作感兴趣？我适合哪个方向的发展？对自己的情况有了一个全面的了解，才可能知道自己到底需要什么。对自己的定位最忌讳自欺欺人，欺骗自己最终受害的还是自己。因此，聪明的女人能够实事求是地掌握自己，对自己有一个恰如其分的认知，因而能找到属于自己的位置。女人在给自己"充电"之前，会首先为自己确定一个目标，做个详细的规划，可以是半年也可以是一年，给自己在这个时间段里安排具体的任务，然后付出坚持不懈的努力。那么，成功自然会如期而至。

二、进行合适的自我包装

"充电"不仅仅是指知识上的增加，还有外表上的改变。就像商品有美丽的包装才卖得更快一样，优秀的女人也需要对自己进行合适的包装。虽然容貌是由父母决定的，但是气质和谈吐却可以通过后天的努力塑造而成。因此，聪明的女人懂得在气质、举止、谈吐上对自己进行优雅的包装，在合适的程度之内展示自己、推销自己，让周围的人更好地了解自己。

三、及时地修正和调整自己

"人非圣贤，孰能无过"，有错误并不可怕，可怕的是犯了错以后不但不知悔改，反而让错误不断扩大。因此，一个优秀的女人懂得及时反省自己，能及时修正自己，让自己变得更加完美。我们都拥有美好的理想，但并不代表我们可以不切实际的幻想。要知道，完美的人生和完美的人都是不存在的。聪明的女人清楚现实的自己和理想中的自己还有多大的差距，该怎样去弥补才能让自己更接近完美。所有的一切都随着时间的流逝而改变，女人们也会随着年龄的增长和所处环境的更改而不断变化，我们身处的社会瞬息万变，我们所拥有的知识也需要不断充实，止步不前是女人最大的悲哀。因此，聪明的女人懂得只有不断学习和勤于修正自己，才能够永葆女性魅力。

四、要循序渐进不断超越自我

任何事都不能一蹴而就，我们也不可能一口气吃成胖子。因此，女性在为自己设立一个乐意去追求的短期目标之后，就要努力去达到。这个过程中，女人们应该把所追求的理想目标订得尽可能短和容易实现。如果只是一名普通职员，那么不妨要求自己把一份计划书做得尽量完美，赢得上司赞许；如果是销售员那就把这个月的业绩订得高于上个月。这些很容易就能达成的目标能够给自己带来成就感，能够不断培养自己的自信心，就这样，用一步步小的成功作为实现最终理想的台阶。这样努力一段时间，你回首看看，自己已经在不知不觉间前进了一大步。

智慧是女性永恒的魅力

女人可以不美丽，但不能不智慧，唯有智慧能赋予美丽，唯有智慧能使美丽长驻，唯有智慧能使美丽有质的内涵。

一位名人说过一句很经典的话："女人要在青春递减的时候，智慧递增。"在青年时，女人可以凭借美貌；在中年时，女人就只能依靠智慧；在老年时，女人凭借经验。但陪伴女人度过一生，并且不断使女人丰盈的，还是智慧。

智慧有大小之分，像撒切尔夫人、赖斯那样叱咤风云的女人，都是拥有大智慧的。这样的女人不多见，大多数女人都是日常生活中的平凡女人。但是，只要女人掌握了一些小智慧，就足以使自己的人生丰满。

智慧是一个女人的修养、教育、经历等各种因素的综合体现，也是女人生命里最原始、最本质光华的闪耀。智慧的女人往往是优秀的女人，而优秀的女人常常是成功的女人。

对于女人而言，随着年龄的增长，岁月的流逝，在长相上最终会落到同一条线上。也就是说，长相漂亮的人随着时间而风华不再，长相不漂亮的人在时间的磨炼中可能会因为成熟而有韵味，而长相中等的人，则变化不大，在某一个年龄段，大家可能处在同一水平线上。

要知道，人生不是短跑，而是长跑，是一场马拉松长跑，能够陪女人坚持到最后的，不是美丽的容貌，也不是人生的幸运，而是女人的智慧。

美貌会在时光中凋谢，而智慧却随着阅历而增加。智慧不仅仅来自学历，有学问的女人可以称之为聪明的女人，但不能称之为智慧的女人。女人的智慧来自对生活体验后的感悟和总结，在人生的不同阶段，女人有不同的智慧和理念，二者之间可以互补但不可互相代替。女人的智慧是在生活中一点一滴打造的，每次挫折之后，聪明的女人会多一份智慧，所谓"吃一堑，长一智"，女人就是在不断的挫折中，一次次奋起，不断地增加自己的智慧。

在现代多元文化的社会中，高素质群体成为一个大的环境和趋势，在这种竞争中，智慧是女人脱颖而出的必备因素。随着时代的进步，人们的观念也发生了变化，视野开阔的人们不再把外表的美丽看作是女人的资本，人们更看重的是那些是靠实力进取的美丽女人，因为她们不把美丽作为利用的资本，而是把智慧作为自己的资本。

许多美丽的女人在自己的人生走到尽头时，常常抱怨世间沧桑，世态炎凉。究其原因，是因为她们不懂得什么才是真正的财富，要知道，财富不仅仅是金钱和物质，还有友情、亲情和爱情，还有人生的经历和追求。只有那些智慧的女人，才会享有用美貌、用金钱、用权势谋取不到的温情，也因此，只有智慧的女人在回顾自己的人生时，才不会有遗憾和后悔。

在很多人的观念里，聪明的女人就是智慧的女人，女强人就是智慧的女人，其实，智慧女人的内涵不仅仅是这些。智慧的女人美丽温婉、幽默开阔。她们善解人意而又落落大方，既不会口出狂言，也不锋芒毕露，更不会咄咄逼人。智慧女人有自己的思考和为人处世方式，她们不会人云亦云，也不会随波逐流，无论在名利还是在困难面前，都拥有淡定从容的态度。

很多人认为，智慧和天赋有关，自己天资不佳，自然和智慧无缘。

这是女人对自己的不信任，要知道，智慧既不是天生的，也不是个别人的专利，所有人来到这个世界时都是平等的，站在同一个竞争的起跑线上。智慧是在后天努力、经验和知识的累积，领悟人生后，才被女人拥有的，让女人们命运出现差距的原因是女人自己。

智慧的女人之所以能从容地打理自己的人生，是因为她们站在一个高度：即她们认为自己的生活是属于自己的，不应该受人支配。大多数女人都是平凡人，也不是每一个女人生下来就拥有智慧，智慧是女人在人生的道路上不断地学习，努力奋斗得来的，而恰恰是智慧，给了女人理想，给了女人拼搏人生的力量。

自己喜欢很重要

大多数人曾经都有过一个梦想，这个梦想也许能够实现，也许如肥皂泡一般破碎。

安妮小时候就很喜欢画画，儿童的笔触稚嫩却拥有一个自己的世界，她说我长大以后要当一个漫画家。大家都当作这是一个小孩一时兴起说出的话而已，谁也没有当真，包括安妮的父母。但是，当别的小朋友在外面疯玩疯闹的时候，安妮在家里用彩笔画画；学校的画画比赛，安妮每次都能捧回一张奖状；家里空白的墙壁上贴满了安妮的"作品"……父母这才意识到安妮的确爱上了画画。

对于孩子的兴趣，父母本就应该支持，因此父母带安妮去了专业的老师那里进行测评。老师看过安妮画过的画作之后，摇摇头说："这孩子兴趣是有的，不过天分不是很高。以后想成为画家的概率比较小，毕竟这个行业仅仅有兴趣是不行的……"这时的安妮还不懂老师口中所谓的天分是什么？她只知道自己很喜欢画画，很喜欢用彩笔描绘出她眼中的世界，画画可以给她带来快乐，可以让她沉浸在那个五彩缤纷的世界里。

父母听从了老师的建议，加上他们的家境本就是一般，爸爸的身体还不是很好，如果让安妮走上学艺术的道路，那将是一条高风险的道路。未来有没有成效不知道，高额的学习费用就已经让他们承担不起了。于是，面对安妮期待的目光，妈妈也只能叹叹气，然后劝安妮说："孩子，妈妈知道你喜欢画画，但是你看老师也说了，你将来成为一个画家的可能性并不大，你还是安下心来好好学习，就算考不上重点大学上一个普通的大学爸爸妈妈也心满意足了。现在就不要在想画画的事了……"

安妮已经不记得当时的自己是怎么回答妈妈的，只记得从此以后她就将心爱的画笔收进了抽屉，只记得从此以后她开始拼命学习，只记得自己再没有提过长大以后想当画家的事。后来的安妮，果然没有辜负父母的期待，凭借优异的学习成绩考上了重点大学。上大学以后，为了减轻父母的负担，安妮开始勤工俭学，但作为学生的自己只能去做一些发传单、搞促销这样的活动，累上一整天也挣不了多少钱。一次，安妮上网浏览学校的论坛，无意间看见有一则兼职画漫画的工作，报酬还不低，抱着试一试的心态她投去了自己的作品，后来顺利地获得了这份工作。从这以后便一发不可收，安妮重新拿起了画笔，刚开始只是为了赚一些生活费，但后来渐渐地，她发现自己放在网上的一些小漫画受到了很多网友的关注，有些人还转载了自己作品。每天晚上安妮最快乐的事便是打开电脑看网友们对自己漫画的留言和评论，评价有好有坏，不过大多数人对自己的作品都是赞美和支持的态度，这令她受到了很大的鼓舞。有时候学校的功课比较繁忙她好几个星期没有更新自己的作品，等闲下来的时候打开电脑，就是一大片的吐槽，网友们纷纷留言说："作者哪去了？留下一个大坑哎，谁让我心甘情愿地跳下来呢？""老大，快更新吧，我等到花儿也谢了。""我只猜到了故事的开头，没想到故事的结尾。"看着网友们幽默有趣的留言，安妮好气又好笑，但同时也让她明白了，原来她的作品可以被人关注着，原来她可以画出让大家产生共鸣的作品。

有了大家的鼓励，安妮又重新拾起画笔，重新拾起自己的梦想，现在的她觉得，原来梦想离自己并不遥远，原来梦想是只要自己坚持就能够到达的彼岸。

因此，从现在开始坚持自己的梦想，做自己喜欢做的事，原来也是一种简单的事。

当你的人生有了一个可以为之奋斗的目标，你就会浑身充满斗志与能量，这样的你无疑是快乐的。

成功的路上虽然会经历很多挫折与磨难，但只要以乐观的心态去积极地面对与解决，相信好运终究会来到你身边。苦难是一所没有人读的大学，但从这所大学毕业的人，都将是生活的强者。

当你坚持了自己的梦想，当你学会了淡定从容地面对种种困难，你就会发现，你的世界是会放大的。以前的你，将自己锁在一个封闭的空间里，堵上了自己的眼睛、耳朵和鼻子，你的视觉、听觉、嗅觉都是不灵敏的。你经常被别人牵着鼻子走，你不知道该走哪个方向，不知道哪条路又会被堵死了，不知道自己每天浑浑噩噩地再干些什么，因此，也就不能明确自己的目标是什么。这样的你，自然也不会懂得怎样才能拥有一个安静且从容的人生。一切的一切都是在恶性循环的。而当你睁开了眼睛，看到了这个世界，双耳听到了这个世界的声音，鼻子也能够闻到青草的气息和鲜花的芳香的时候，你就开始好奇并开始探索这个世界。就像一个初生的婴儿一样，对未知的一切充满了好奇。当你开始探索的时候，你的世界自然而然就变大了，你接触的人也会变多了，了解的事也会变多，慢慢地，你的世界开始被各种各样的事物所充实，这时候，你又开始拓展一个更宽广的世界。

你可以渴望这样一个世界：有清晨穿堂而过的微风，有树下欢快明叫的鸟儿，有绿色丛林里湿润的雾气，每个人的脸上都挂着幸福、快乐的微笑，每个人都在忙着自己喜欢做的事，但不匆忙，也不紧张，岁月没有给人留下任何痕迹，即使它就静静地坐在云端安详地看着我们。苦难似乎已经过去了，原来我们梦中的世界已然真的出现在了我们的眼前。我们渴望放大这样一个世界，人人互帮互助、不工于心计、不尔虞我诈，只是单纯地做着自己喜欢做的事。现实虽然残酷，但并没有完全没有希望找到这个世界中的蛛丝马迹。

放大你的世界，就需要有一颗开朗的心。学会与人交往，与人沟通。将你的内心配上一把钥匙，让你愿意的人可以随时进去检阅你的心；将你的心开一扇窗，让别人能够看见你的快乐和悲伤；将你的情绪和别人共享，快乐得以分享，悲伤得以分担。放大你的世界其实是如此简单的一件事。

如果你还年轻，从现在开始就不要再浪费自己的时间，从现在开始就做自己喜欢做的事，不要犹豫、不要徘徊，等你一再地踟蹰不前时所有的事情都已经改变；如果你已经进入中年，前半生你是否能够自豪地说出几件令你值得骄傲的事？如果没有，现在开始也还来得及；如果你已是垂垂老矣，活了大半辈子的人生是否过得精彩？是否存在后悔没做过的事？那么也可以像《遗愿清单》中的老人一样，将自己想做的事一一列出来，然后逐个去实现，没有什么是不能做的事，只有自己不愿去做的事。

第七章

事业是女人
最美的姿色

你的心态是为你所有的、完全受你控制的一种东西。心态好的人就算身处逆境也不觉痛苦；心态不好的人即使还没有遇到困难就已丧失斗志。

事业是女人最美的姿色

事业不仅是女人谋生的一种手段，更是女人享受生活、重获自信的一种载体。有事业的女人，将自己大部分的时光，都用来学习、工作和生活。女人在经营事业中的成长，最容易折射出她们对生活海纳百川的态度和思想境界，而这正是女人在事业中修炼、打磨出来的一种无可比拟的内在之美。

事业能使女人由内而外散发出来的从容、处事不惊的美丽，是任何化妆品、任何方式的整容，都无法替代的。

事业给女人的姿色，镀了一层自立自强的光辉，让女人走出了为柴米油盐终日纠结的狭小家庭空间，更广阔的天地为女人打开，不断丰盈着女人的胸襟，开阔着女人的视野，提升着女人的魅力，澄明着女人的心灵。

事业能令女人最大可能地挖掘出潜藏在自己体内的优势，并将其发挥得淋漓尽致，突显自己的价值；事业，令女人找到自己的尊严。

一个女人要有危机意识，不要以为好好地待在家里，就是平安，就是福气，就什么事情都不会发生。尤其是对于一位家庭主妇而言，不走出家庭，不融入社会，不接纳新的事物，这样一成不变的女人，注定会引起男人的改变。

事业是女人最美的姿色，与其去寻找一棵大树乘凉，不如自己动手栽一棵小树，让它在你的双手培植下，日渐茂盛。自己栽树不仅自己乘凉，还可以让别人栖息，这样的女人，无论在什么情况下都会自信地仰起头，看见满天的阳光。

懂得经营事业的女人，不会期望他人靠不住、不稳定的施舍；她不会把生活的憧憬，系在别人身上。她知道越是处在逆境，脊梁骨就越要挺直，明亮的笑容才是撑起自己的唯一。只有在事业中让自己真正精彩起来，才是女人真正的强大和美丽。

用事业增添姿色的女人，不会责怪生活中的无奈、人性的自私。她已洞悉人生的过程，就是一个不断洗牌、重组、取舍的过程，自己去寻找温暖，在事业中把自己装扮成一道亮丽的风景。

事业是女人最美的姿色，她们最打动人的，是美丽的信念。她们在工作中迸发出来的激情，她们面对挫折、打击时的坦然与执着，她们与事业融为一体的宠辱不惊，将未来准确把握的优雅，笑对冷语流言。这种发自内心的灿烂，这种宽广的襟怀，胜过一切美容术。

事业是女人最美的姿色。拥有事业的女人，拥有所向无敌的自信、光辉与幸福。

不要只是让自己看起来很努力

你对工作的态度决定了你工作的状态。那些热爱工作，对自己的职业认真践行的人，即使他们做的是普通工作，也会做出轰轰烈烈的事迹；而那些把工作当成累赘，对工作没有责任感的人，即使在特别重要的位置上，他们的工作也不会有太大的业绩。

以最好的状态去工作不但是工作本身对我们每个人的要求，也是一种自我鞭策，是实现自身进步的根本途径。一个没有工作状态的人，不但自己的工作做不好，而且这种不好的状态还会影响到周围的人，让周围同事的工作状态低迷，工作激情下降，没有老板会喜欢这样的员工加入他的团队中去。相反，如果一个人在工作中时时刻刻充满激情，保持极高的工作效率，以最好的状态去工作，那么整个部门、整个团队的工作效率也会跟着成倍增长。老板一定会喜欢这样的员工，一定会想方设法留住这样的员工。

以最好的工作状态去工作不但有益于公司，更有益于我们自身，良好的状态有助于我们更快地适应新的工作，更多地学习本部门甚至其他部门的工作经验和技能，对我们以后升职和开创自己的事业也有极大的帮助。

在工作中，我们需要用最好的状态去工作，因为只有这样，我们才能在岗位上创造出最多的价值。

什么是最好的状态？根据现代管理学的观点，最好的状态是指一个人在岗位上尽职尽责、不懈怠、不应付，他能够主动去工作，并且会在工作中不断提高自己的业务能力和水平。

那什么是阻碍我们发挥最佳状态的因素呢？

答案很简单，厌烦。假如一个人厌烦了自己的工作，那么就会在工作中丧失最佳状态，变得应付起来，得过且过。

这个道理很简单，如果某天，老板让你拿着公司的印章在一份一份的文件上盖章，你肯定会觉得非常新鲜，甚至会生出自己是"这家公司的老板"的错觉。但是，如果让你每天都重复这一工作，一天两天，一周两周你或许还能忍受，但是如果时间长度到了半年一年，甚至是几年之后，你还能忍受吗？

没错，工作内容的单调、枯燥、乏味，吞噬了很多人的工作热情，让他们感觉到自己就像一台重复工作的机器，已经不知道喜怒哀乐为何物。

在厌倦和烦躁的情况下，一个人很难拿出百分之百的精力去工作，自然也就不能达到自己的最佳状态。但工作的单调和枯燥总是不可避免的。一项工作干久了，看上去轻车熟路，实际上会有一种重复"吃剩饭"的感觉。不过，"剩饭"也罢，"鲜菜"也罢，关键是要调整好自己的"口味"，不断地变换一些花样，只有这样，我们才能够让自己时刻以最好的状态去工作。

任何一份工作都有其重复单调的一面，这要看你以怎样的心态去对待。其实我们有很多办法让自己保持最好的状态。

在我们的事业发展过程中，以最好的状态去工作，有了这种敬业精神，我们就会义无反顾地、深深地喜欢上我们所从事的职业，即使这份职业在起初的时候并不是那么光鲜，并不是那样被人看好，但是在敬业精神的驱使下，我们就会更进一步地专心致志地从事我们所做的事，从而达到我们想要的工作状态。

在竞争日趋激烈的现代职场，敬业更是一个人成就大事不可缺少的重要条件。它是强者之所以成为强者的一个重要原因，也是一个弱者变为一个强者应该具备的职业品行。你如果在工作中用敬业的精神去对待自己的工作，并把敬业变成一种行为习惯，那么无论你从事什么样的行业，你都能在这个领域里脱颖而出，成为行业翘楚。

无论哪个行业，都有很多加薪升职的机遇。在工作中，主要是要看你是不是以爱岗敬业的态度来看待你的职业，你的热情或冷漠决定了你在工作中的成功或者失败。并不是每一个员工都具有很强的业务能力，可是，爱岗敬业的态度却是每一个员工都必须具备的。爱岗敬业是每一位优秀工作者都应该具有的素质。

爱岗敬业，细心负责，以最好的状态做好自己的工作，是每一个职场中人必须具备的素质，而这一素质的高低也将直接影响着你的职业路途的长短，因为它对你今后的事业起着核心作用。

仪表是你的门面

根据科学家的研究，人其实是很感性的动物，往往会不由自主根据第一印象来判断一个人，而且一旦对一个人形成一种判断就很难消除。人们给他人的第一印象中，有95%是来自仪表。

在第一印象中，穿着是一个决定性的因素。有则广告中有句话："你没有第二次机会给人留下第一印象。"这句话非常经典，也非常正确。

一个衣冠楚楚的人能告诉别人："这里站着一个精明能干、很有前途，并且能担当大任的人。他值得受人器重与信任。由于他很尊重自己，因此我也要尊重他。"而衣着邋遢者就令人不敢恭维了。他们的仪表就告诉别人："这是个落魄的人，他不修边幅，毫无效率，是那种可有可无的小人物。他不值得重视。"

美国著名推销员凯瑟琳在做印刷厂推销员时，是一位善于着装的人。登门推销时，第一次她可能穿的是舒适的套头宽松毛衣；你在公司接待她的时候，她穿的是得体的白衬衫配套装；偶然在聚会碰见，你会发现她穿的是个性的牛仔裤和T恤衫……总之，她的服装色彩、样式搭配非常和谐，穿着得体。也正因为如此，她给顾客留下了很好的印象。

凯瑟琳主要是推销印刷业务的，一般公司的广告设计、图表、文件对配色、配图、剪接、图案、选定字体都要求印厂具有敏锐的洞察力，而她的着装变化，正显示了她这方面的能力，从而赢得了顾客的信任和好感，扩大了产品的销量。

注重自己的衣着，这的确是一个良好的习惯。整洁、干净、得体的衣着，既给自己自信，也是对他人的尊敬，它体现了你良好的个人修养。一个人的穿着打扮也表现了其偏好、价值观、审美观、人生观和个性，你以你的穿着向世界展示着你是一个什么样的人。

职场经验告诉我们，如果一个女性想要在事业方面有所作为的话，那么在着装方面，遵循一定的规则是完全必要的。有一点我们必须要记住：成功的事业绝不是靠奇装异服来获得的。

女性的穿着打扮应该灵活有弹性，你要学会怎样搭配衣服、鞋子、发型、首饰、化妆，使之完美和谐。

一、职业套装。

职业套装能使职业女性更显魅力。有位著名设计师说："一个不喜欢看女人穿套装的男人，不是傻瓜就是脑子有问题。职业套装更能显露女性高雅的气质和独特的魅力。"

选择套装时，应根据肤色、发色、格调、年龄、体形、职业、气质等特点有所区别。年轻女性应穿新潮些的套装，以突出青春美。不一定非得穿颜色相同的套装，如可以配穿裙子、马甲等。皮鞋、发型、包等都得跟套装搭配。

二、发型和指甲。

头发也应该相应简练些，长发最好盘起，也不宜过短。

在职业女性中，染指甲已经司空见惯了，但指甲油的颜色不应该选得太亮丽，这样会使别人的注意力只集中在你的指甲上。

三、化妆。

化妆可以让女性更具魅力，而过度打扮会让人感到做作，过于简单又会让人感到随便，所以淡妆是最适合的。

四、首饰和装饰品。

职业女性希望表现的是她们的聪明才智、能力和经验等，所以可以佩戴简单首饰和装饰品，得体典雅。

耳环是很重要的首饰，秀气一点比较合适，不宜太长或太大。虽然眼镜让人感觉文气，但它抹杀了女性特有的亲和力，比较古板刻薄，尽量佩戴隐形眼镜。手提包要精致，不要塞得满满的。

五、衬衫。

浅色衬衫看起来具有权威性。脖子长的女士不适合穿V领衬衫。要有一两件带花边的衬衫。

六、鞋子。

皮鞋以中跟或低跟皮鞋为佳。鞋的颜色必须和服装的颜色相配，原则是"鞋子的颜色必须深于衣服颜色"。

七、使自己的着装与公司的文化背景相和谐。

尤其是在保守型的公司，这一点更显重要。如果暂时吃不准公司的文化，那么就向公司里一些资深女性职员看齐，向她们请教应该如何穿着。一般来说，穿得稍微保守一些总不会出错和被人指指点点。

作为职业女性，你可能会牺牲掉许多穿美丽时装的机会，但职业场上打拼不可不察着装规则。不合适的穿着会妨碍你的前途，着装不能太前卫，试想，上司怎么会看上一个思想意识可能会偏激的人；也不能太迂腐，那样让上司觉得拿不出手；最好的着装规则就是中庸，不让别人一眼就注意到我们穿了些什么，却能够立刻发现我们值得信赖、精明、干练，是具有良好合作精神的好同事，是前程远大必须酌情提拔的好下属。

与上司和睦相处

许多职场女性在面对自己上司时，不知该如何应对。很多人认为，没有必要刻意去和上司建立良好关系，只要做好自己的工作就行。但事实上，要想赢得上司的好感，就必须自己主动出击。

一、应对精明型上司

这样的上司为人精明，对自己的下属也有很高的要求，希望手下能很快领会自己的意思；安排工作的时候，也是言简意赅，往往几句话就对员工一天的工作做了部署。对于这样的上司有一个最大的秘诀，那就是要尽量接近他，和上司建立起私人友谊，平时的交流多了，在工作中也就更加容易沟通了。

二、应对魅力型上司

这类上司有能力而且对自己的事业非常热情执着，精力充沛，非常具有个人魅力。和这样的上司相处，在做好自己的工作的同时，你不妨多向他学习，观察他是如何为人处世的。魅力型的上司对员工的快速成长来说，简直是一种福气和难得的机遇。

三、应对知遇型上司

有人说："选一个好工作，不如选一个好老板。"知遇型上司不问出身地位，鼓励创新，对人才不拘一格，知人善任，用人不疑。在这样的上司手下做事，是可遇不可求的，不要想什么投机取巧，全力以赴你的工作才是正道。

四、应对能力欠缺型上司

一般来说，这样的上司最忌讳员工不尊重他。所以，作为员工要给他更多的尊重，充分表现出敬意。同时，在工作中要充分展示自身的才干和能力，这样才能够得到上司的欣赏。

五、应对"爱嫉妒"型上司

即使你很优秀，但千万别忘了，是上司给了你表现的机会。谦虚才不会引来嫉妒，才不会被上司"封杀"。

在任何一家单位工作，你都要记住，千万别和你的上司"争风吃醋"，就算你心里真觉得你的上司没有能力，甚至想取而代之，也要做好表面功夫，别让上司看出你的"不忠"。不论你看上去有多优秀，你都不能比上司看上去更优秀。如果想和上司关系更融洽，就应该采用上司能够接受的表现自我优秀的方法。

六、应对自私型上司

自私型的上司指那些自私自利，只记过失，对员工要求很高，经常以扣工资、扣奖金或者开除来威胁员工的老板。虽然这样的老板并不多见，而且也并不一定能够干长久，但是我们也很可能遇到。

遇到自私型的上司采取回避的方法是不行的，相反，我们要经常与上司接触，注意维护他的尊严，对任何事情都要等上司过目之后再实施，甚至要以书面的形式写下来，作为将来上司不认账时的凭证。在为自私型上司工作时，始终能够保持一种乐观的心态是非常重要的。

要和上司处理好关系，光应付可不行，你还要掌握一些相处的技巧，来为你加分，加重你在上司心目中的分量。所以，在和上司相处的过程中，你还应该注意以下几个方面。

一、服从上司

古往今来，下级服从上级似乎是天经地义。也许你的上司并不比你高明，但只要是你的上司，你就必须服从他的命令，并且努力去发现那些优越于你的地方，尊敬他、欣赏他、向他学习。如果我们都抱着这样的心态，即使彼此之间有种种隔阂，有许多误解，也会慢慢消解。

二、各司其职，不要越位

没有一个人（尤其是领导人）喜欢在智力或者能力上被人超过。当上司的总是要显示出在一切重大的事情上都比其他人高明。所以，即使你能力出众，也不要喧宾夺主，旁若无人地与上司抢"镜头"，使上司陷入尴尬的处境。

三、体谅你的上司

成功守则中最伟大的一条定律——己所不欲，勿施于人。凡事要多为他人着想，多站在他人的立场上思考。当你是一名雇员时，应该多考虑上司的难处，给上司多一些理解。只要我们学会换位思考，偶尔能站在上司的角度去看问题，多多体谅上司，情形就会大不一样。

四、尊重上司

一般来讲，上司能在他的位置就自然有他的过人之处，你应从内心里敬佩他、尊重他。作为员工，你时刻要切记：做上司的最在乎的不是员工的能力，而是员工是否尊重他。领导的尊严不容侵犯、面子不容亵渎。

五、聪明拒绝不能胜任的工作

如果上司派给你一件你根本无法胜任的工作，你应该怎么办呢？你可以坦率地向上司陈述你的理由，由他决定该怎么做。如果你是担心自己的能力，怕万一搞砸了，可以先向上级说明自己担心的具体问题，由他来提出完成任务的办法或建议。这样，你既可以获得上司好感，又可以积累经验，不是很好吗？

六、了解上司，尽量按照上司的思路办事

以办公桌为例，凡事认真的上司都有一个井井有条、一尘不染的办公桌，而乱七八糟的办公桌说明你的上司是一个不拘小节的人。又比如，总是说"我希望""据我看来"的上司相当自信并且实事求是。了解了这些之后，就可以适应上司的思路和节奏把事情办好。

七、多请示，多汇报

聪明的员工善于多向领导请示汇报，征求他的意见和看法，把领导的意志融入自己正专注的事情。多请示多汇报是下属主动争取的好办法，也是下属做好工作的重要保证。

八、了解上司的喜好

假如你的上司十分痛恨烦琐冗长的陈述，而你却喜欢事无巨细，希望上司了解前因后果。那么在这种情况下，职业顾问专家认为只有一个办法："如果你还希望与上司融洽相处的话，改变自己，以适应上司的工作风格。"如果上司喜欢书面报告，那就通过电子邮件陈述你的建议。如果上司喜欢口头交流，就亲自与他面谈，沟通想法。显然，越是适应上司的行事风格，对你的职业生涯就越是有利。

九、多与上司交流

无论是工作中还是工作外，多和上司交流，不但能增加彼此的了解，而且对你的工作也是很有帮助的。但是对于女性来说，在交往中一定要注意的是：不要没有"节制"。即便你们的关系非常融洽，也要注意掌握分寸。女人要能够和上司保持融洽的关系而又不过分亲密。

远离流言，保护自己

谁人面前不说人，谁人背后不被说。职场女性既不做"多事精"，也绝不能"背黑锅"。所以，你既要做到远离流言，不搬弄是非，也要做到一旦是非缠上自己，能采取果断的措施来保卫自己。

"前台跟财务的小张关系暧昧。有人看到他俩牵手散步呢！"

"听说啊，市场部的主管是总经理的小舅子。"

"嘿，你说，陈经理快四十了，还不结婚，他是不是有什么问题啊……"

"听说老李家最近请了一位年轻的保姆。谁想到，老李竟然对她有意思呢。听说，甚至……"

在办公室里，你难免会听到这样流言蜚语，有如电浪一般迅速地传遍开来。这种闲来无事、道人长短的事，是有些人很感兴趣的。

面对这种情况，你是应该装作没听见，还是积极参与，或是添油加醋呢？这时候你应该怎么办？可真得掂量掂量了。

孙颖进一家大公司的设计部后没多久，同部门的一个同事小刘就升到工程部去做了部门主管。平日不分高下，暗中竞争的同事成了自己的上司，部门里的人有那么一点酸酸的感觉。几个同事背后嘀咕开了："哼！他有什么本事，凭什么升他的职？"一百个不服气与嫉妒就都脱口而出了，于是你一句我一句，大家把小刘数落得一无是处。

孙颖见大家说得激动，也毫无顾忌地说了些小刘的坏话，如只会拍马屁、妒忌心重等。有一个同事，在背后说小刘的坏话说得比谁都厉害，可一转身就把大家说的坏话全告诉给了小刘。

小刘听到后非常恼火，心里想：别人对我不满说我的坏话我可以理解，你孙颖乳臭未干有什么资格说我。从此，他对孙颖很冷淡。没多久，小刘升任公司副总，孙颖却空有一身本事得不到重用，还经常受到小刘的指责和刁难，成了背后说别人坏话的牺牲品，最后，只好辞职走人。

同一战壕的战友，往往容易"同仇敌忾"，一个人开口骂领导，抱怨工作太多，待遇又差，同事大多随声附和。对公司有消极影响的事情和话语，最好要三思而后行，要有自己的主见，除非你不想在这间公司再干。

有的人喜欢搬弄是非，坐山观虎斗。你可要注意了，在你面前痛斥别人的不是，猛夸你的长处的人，千万别信她！从你眼前一转身，她就会把同样的话重讲一遍，当然浑身"不是"的就换上你了！这种人是天生的长舌妇，好像不讲别人坏话日子就过得不舒坦。只要你顺着她的意思说上几句别人的不是，或是对她的话随声附和，那就等着吧，有一天这些话就会传到当事人耳朵里，讲人是非的当然会变成你。这样是非就算惹上身了。人家若是找上门来论个究竟，你不见得能解释清楚，而如果别人并不找你理论，而是在心里默默地记下你时，那你就等着"背后挨刀子"吧！

所以，在流言蜚语面前你最好是保持沉默。不支持他的观点，也不反对他的观点，任他自己说个唾沫横飞，天花乱坠，你只管咬紧牙关不出声，渐渐地，他就会感到无趣，再不到你面前说东道西，你也好落个清静。还有一个办法：顾左右而言他。可以谈谈美容、谈谈健身、说天气真好、心情不错，就是不说谁是谁非，把话题绕开，专挑无关痛痒的话来敷衍，他就会觉得自讨没趣了。记住一个原则：在是非的旋涡里只会越陷越深，趁早远离它！

在生活中，你应该切记这样一句话：流言到我为止！

当然，假如有一天你发现自己处在流言的中心，背后四处有人搬弄是非、说自己的坏话时，你千万不要以为自己不加理睬，泡沫会自动消失，事情就会自动解决，这样做会让事情往更坏的方向发展。聪明的女人在面临这种困境时，要能够采取措施，一步步化解难题。

一、检讨自己

当发现自己被众人非议时，首先要检讨一下自己，检讨的内容包括：自己是不是做了哪些事、说过哪些话，触及他人的利益，因此才会被攻击。假如是，即使是说时无心，此时也要诚恳地道歉；假如不是，

171

就要采取措施来保护自己。

二、试探性地打听原因

在确定不是自己的过失之后，可以私下诚恳地问那些搬弄是非者，自己做的什么事，或是什么行为得罪他了，让他讲清楚问题的所在。如果对方什么话也不愿意说，那么就干脆直截了当地对他说："我知道你对我似乎有些不满，我认为我们有必要把话说清楚。"这样坦诚地把问题摆在桌面上更有利于解决。

三、柔中带刚地提出警告

假如对方不承认他曾经在别人面前说过不利于你的话，或散播过对你的谣言，也不必立刻戳穿对方，或者找人对质，而是柔中带刚地跟对方说："我想可能是我误会了。不过，如果以后你有任何的问题，希望能直接告诉我。"自己的目的只是让对方知道，自己已经知道他的所作所为，并且要给他传达这样的信息：你绝对不会坐视不管，任由他欺负。

四、借助老板的力量来解决

假如事情始终不能解决，而自己的警告也不起作用时，不妨把这件事公布开来，明白地告诉对方："如果我们两人无法解决问题，就有必要让老板知道这件事。"借助于上司来解决问题，保护自身的利益不受侵害。

把握与同事相处的要诀

能否建立良好的同事关系，是考验员工人品的试金石，也是职场取胜的基本功。和谐的同事关系，让你和你周围同事的工作和生活都变得更简单、更有效率。

在职场中，人际关系非常重要。在各种职场关系中，同事是最普遍也是最重要的一种关系。因为无论你的能力有多强，公司的制度多完善，你都需要同事的配合，才能做好工作。和睦的工作环境，同事间亲切融洽，上下一心，能直接促进工作的进展。员工能否在公司立足，获得职业的发展，除了自身能力外，还在于能否跟同事打成一片，和睦共处，尽得人心。

李婧要到新公司上班，这是一个规模不算大但很有前途的公司，老总似乎很赏识她，一个新的天地在她面前逐渐展现。

第二个星期，老总有一件急单要处理，同事们将事情推给了她，她加班到深夜，发誓要做好让同事们看看。没想到，第二天老总发现单子出了问题，大发雷霆，同事们都把责任推到她身上，她忍不住跟一个说话尖刻的同事吵了起来，彼此都说了难听的话，直到老总制止了她们。

李婧忽然觉得自己来这个公司是个错误的选择，老总怀疑她的能力，新同事都一致排外地给她难堪。她从来都没有怀疑过自己的工作能力，可是为什么自己的工作会这么吃力？问题难道只出在别人身上？

对公司来说，同事之间气氛越好，大家的心情自然就越好，工作效率就越高，上司自然高兴。问题是"一样米养百样人"，人是很复杂的，同事之间要永远一团和气，不过是奢望而已。那么，同事之间应如何处理关系呢？

一、尊重同事

相互尊重是处理好任何一种人际关系的基础，同事关系也不例外。同事关系不同于亲友关系，它不是以亲情为纽带的社会关系，亲友之间一时的失礼，可以用亲情来弥补，而同事之间的关系是以工作为纽带的，一旦失礼，创伤难以愈合。所以，处理好同事之间的关系，最重要的是尊重对方。

二、亲密但不能没有距离

要想在这个公司工作下去，自然不能把同事关系搞得一团糟，要保持友好关系。但是同事之间毕竟存在竞争，也就是说有利益冲突，那就是不能"零距离"，别人自然了解你的长处与短处，甚至掌握你的隐私，关键时候就有可能击败你。人往往在没有利益冲突时可以称兄道弟，一旦有利益纷争，就可能反目成仇。

三、对同事的困难表示关心

同事的困难，通常首先会选择亲朋帮助，但作为同事，应主动问询。对力所能及的事应尽力帮忙，这样，会增进双方之间的感情，使关系更加融洽。

四、不在背后议论同事的隐私

每个人都有"隐私"，隐私与个人的名誉密切相关，背后议论他人的隐私，会损害他人的名誉，引起双方关系的紧张甚至恶化，因而是一种不光彩的、有害的行为。

五、对自己的失误或同事间的误会，应主动道歉说明。

同事之间经常相处，一时的失误在所难免。如果出现失误，应主动向对方道歉，征得对方的谅解；对双方的误会应主动向对方说明，不可小肚鸡肠，耿耿于怀。

六、维护自己的成绩

要靠成绩来证明你的出类拔萃，而不是用牺牲同事来突出自己，踩住别人来谋求自己的利益会被人耻笑。你要真正得到你应得的赞赏。要知道，在下一次你得到提升时，身边最要好的同事圈子也可能散伙，你要能做到问心无愧。

七、精诚合作，以诚相待

在一个公司中，员工来自五湖四海，个性志趣不同，工作风格也相异。但有一个相同之处：都是为了一份工作，赚一份钱，在个人事业生涯上有所成就。只要基本出发点是一样的，即使性格如何不合，在为了能很好地完成工作的前提下，明智之人也能在"在商言商、就事论事"的准则下，求同存异、互相包容，共同完成工作任务。

八、要懂得宽容别人

宽容不是逆来顺受，而是要学会谦让，只要你具备了虚怀若谷的胸襟，就会赢得大家的尊敬。要用积极的人生态度对待生活和工作，并以此感染别人，消除自卑、猜疑、嫉妒心理，乐于看到别人的进步。这样，你与新同事的关系就会变得熟悉、亲切、温暖。

总之，到了一个新岗位上，你只要做到坦诚而不轻率，谨慎而不拘泥，活泼而不轻浮，豪爽而不粗俗，就一定可以和新同事融洽相处。

九、要有必要的礼貌

比如，每天早上积极地向同事问好，下班的时候主动问问有没有什么能帮忙的。最起码的一条，必要的招呼和问好是少不了的。

对很多人来说，早上向别人积极问好，也许你认为会是很简单的事，或者没有这个必要。有些人向别人道早上好时连身边的人都听不到；有的则极不情愿，毫无感情色彩地例行公事而已；有的看一眼别人便一声不响地坐下。但是如果你希望在新的一天当中，自己的人际关系更加和谐，那么无论如何都要愉快明朗地和周围的人说声"早上好"！

十、低调与同事相处，含蓄竞争

作为新员工，进入一个全新的工作环境，积极表现无可厚非，不过也不要忘了四个字——过犹不及。初涉职场，凡事都应积极主动。但切忌热情过头，不能无论此事是否与自己有关，都鞍前马后地忙个不停。表现过度很可能会为你以后的人际关系埋下严重隐患。

十一、吃亏是福，不要斤斤计较

在职场中经常有一些这样的同事，他们喜欢斤斤计较，生怕自己吃亏。其实，在职场中是不能怕吃亏的，更不能损人利己。做人可贵之处，倒是乐于亏己。事实就是如此，自己主动吃点亏，往往能把棘手的事情做好，能把很难处理的问题解决得妥妥当当。

敢于吃亏者，能让同事觉得他有肚量而加以敬重，上司知道了也会更加器重你，人际关系自然就比别人好。当他遇到困难时，别人也乐于向他伸出援助之手；当他干事业时，别人也肯对他给予支持，给予帮助。他的事业自然就容易获得成功。

十二、要多赞美同事

喜欢被赞美是人的一种天性。当来自社会、他人的赞美使其自尊心、荣誉感得到满足时，人们便会情不自禁地感到愉悦和鼓舞，并对说话者产生亲切感。这时，彼此之间的心理距离就会因赞美而缩短、靠近，这就自然为交际的成功创造了必要的条件。

要想让同事喜欢你，接受你，你先要学会赞美别人。当你试着去赞美别人时，你会得到意想不到的收获。

十三、幽默感使你大受欢迎

优
雅
女
人
自
带
光
芒

幽默能使你与上司、同事之间建立和谐的关系，你也会因此而成为一个乐观的人，一个能关心和信任别人又能被众多的人所信任和喜欢的人。曾经有人说，获得工作上的成就和事业上的成功必须具备很多条件，其中幽默有助于你改善与他人的关系，促进成功。

注意分寸才不会得罪人

在工作中，说话要分场合，要有分寸，才能获得好人缘。否则的话，你在职场中将寸步难行。

在工作场合，"说话要有分寸"是很重要的一点。言语得当，进退有度，会让你左右逢源，而信口开河，肆无忌惮，只会让你寸步难行。这一点，对于说话比较多的女性具有重要意义。

在办公室里与同事们交往离不开语言，但是你会不会说话呢？俗话说，"一句话说得让人跳，一句话说得让人笑。"同样的目的，表达方式不同，造成的后果也大不一样。在办公室说话要注意哪些事项呢？

一、别人的隐私

在与他人交际中，为了避免引起别人的不快，一定要注意是否涉及

178

了对方的隐私。具体地说，在日常交际中，应该避免问及下列这些方面的隐私话题：

（1）工作情况及经济收入；

（2）家庭情况及存款；

（3）夫妻感情；

（4）身体情况；

（5）女性的年龄、体重；

（6）工作计划；

（7）个人隐私。

二、不要言及他人的缺陷和不幸

每个人都有一些缺陷或者不想提及的病痛或者伤心事，和他人交往时，我们就应该尽量有意避免提到这些事情。否则，就会勾起他人伤心的回忆或者伤其自尊。

三、不要抱怨和发牢骚

抱怨和牢骚是无能和虚弱的表现。不要时常抱怨，更不要随意对同事发牢骚，诉说对公司制度的不满，小心传到领导的耳朵里，落得连申辩的机会都没有。

四、不要人云亦云，要有主见

领导赏识那些有头脑和主见的职员。如果你经常只是别人说什么你也说什么的话，那么你在办公室里就很容易被忽视了，你在办公室里的地位也不会很高了。有自己的头脑，不管你在公司的职位如何，你都应该发出自己的声音，应该敢于说出自己的想法。

五、有些问题不宜刨根问底

如果你问对方一些问题，对方回答得很模糊笼统，甚至有意回避，那么，你最好就不要再问下去。如果对方高兴让你知道，那他一定会主动地说出来的。否则，别人不想让你知道，你再问也没有用。此外，在问其他类似问题时，也要注意掌握问话尺度，要适可而止。

六、有话好好说，不要争论

在办公室里与人相处要友善，说话态度要和气，要让人觉得有亲切感，即使是有了一定的级别，也不能用命令的口吻与别人说话。说话时，更不能用手指着对方，这样会让人觉得没有礼貌，让人有受到侮辱的感觉。虽然有时候，大家的意见不能够统一，但是有意见可以保留，对于那些原则性并不很强的问题，有没有必要争得你死我活呢？的确，有些人的口才很好，如果你要发挥自己的辩才的话，可以用在与客户的谈判上。如果一味好辩逞强，会让同事们对你敬而远之，久而久之，你不知不觉就成了不受欢迎的人。

七、不要在办公室里当众炫耀自己

如果自己的专业技术很过硬，如果你是办公室里的红人，如果老板非常赏识你，这些就能够成为你炫耀的资本了吗？骄傲使人落后，谦虚使人进步。再有能耐，在职场中也应该小心谨慎，强中自有强中手，倘若哪天来了个更加能干的员工，那你一定马上成为别人的笑料。倘若哪天老板额外给了你一笔奖金，你就更不能在办公室里炫耀了，别人在一边恭喜你的同时，一边也在嫉恨你呢！

八、办公室不是互诉心事的场所

我们身边总有这样一些人，他们性格直率，有什么说什么。虽然这样的交谈能够很快拉近人与人之间的距离，使你们之间很快变得亲切起来，但心理学家调查研究后发现，事实上只有1%的人能够严守秘密。所以，自己的生活或工作有了问题，应该尽量避免在工作的场所里议论，不妨找几个知心朋友下班以后再找个地方好好聊。

九、不要随便承诺

当别人对你提出要求时，你肯定不好意思开口就说"不"，因为这样很可能会造成两个人关系的疏远。但是有时候明知自己做不到还信誓旦旦，要是事情没办成，你就失去了最宝贵的东西——信任。许多人在面对这种矛盾时都十分苦恼，不知如何是好。所以，千万不要随便允诺。

说话要分场合，要看"人头"，要有分寸，最关键的是要得体。不卑不亢的说话态度，优雅的肢体语言，活泼俏皮的幽默语言……这些都属于语言的艺术。当然，拥有一份自信更为重要，懂得语言的艺术，恰恰能够帮助你更加自信。娴熟地运用语言艺术，你的职业生涯会更成功！

学会拒绝让你受益无穷

一个女人，温柔智慧地走过风风雨雨，在不断地得与失的较量中，有一个字，如果用得好，会受益无穷，这个字就是"不"！

有人去找禅师求得解脱痛苦的方法，禅师让他自己领悟。

禅师问他悟到什么？他说不知道。禅师便举起戒尺打了他一下。

禅师又问，他仍说不知道。禅师举起戒尺又打他一下。

他仍然没有收获，当禅师举手要打时，他却挡住了。

于是禅师笑道："你终于悟出了一个道理——拒绝。"

学会拒绝是一种豁达，一种明智，更是一种自尊。学会拒绝，才能活得真真实实、明明白白。

中国人好面子，一个"不"字很难说出口。他人请你帮忙，明明自己做不到，还是硬着头皮答应下来，结果是弄得自己疲惫不堪。因此，不会说"不"往往会使自己陷入被动。

林妍美丽大方，活泼外向，朋友很多，所以总是有朋友邀请她参加聚会。朋友要是不多也就算了，但是今天这个生日，明天那个升迁，后天谁要聚餐，林妍的业余时间都被聚会给占满了，没有一点个人时间。林妍很郁闷，但是又不懂得如何适当地拒绝别人，内心很矛盾：不想去又去了，觉得无聊浪费时间，编个理由说不去，心里又感到内疚，感觉也不是很好受，还让朋友扫兴，但总是拒绝就会使关系渐渐疏远。想来想去，林妍觉得朋友难得，于是一次次放下手头要做的事情去应付聚会，回来后觉得又累又无聊，真是烦恼透了。

学会拒绝是人生交际中必不可少的一项重要内容，是一个人走向成熟、成功历程中必经的驿站。比如如果你对酒十分反感，而你的朋友却极力游说你去参加一场聚餐豪饮；如果你一向歌喉平平，而你的朋友却热情邀请你一起去唱卡拉OK……此时此刻，如果你对朋友的要求或约请直截了当地拒绝，不仅自己感到过意不去，也会令对方感到尴尬，甚至容易造成对对方的伤害，从而导致友情的破裂。但是如果我们巧妙地采用一些委婉的拒绝方式，把自己的意图隐晦地表达出来，让生硬的拒绝有了一副温柔的面孔，就可以把拒绝带来的遗憾缩小到最低，既不伤害对方的自尊心与感情，又取得对方的谅解、支持，从而增进情谊，实现人际交往的双赢。

一个女人想要受人欢迎，一定要恰当地拒绝。那么，应该如何恰当地拒绝他人呢？

一、要有正确的认识

不要怕拒绝，更不要为难。如果朋友因为你拒绝聚会而疏远你、不理解你，那这样的朋友不交也罢。拒绝是对他人负责，也是对自己负责，何苦委屈自己呢。

二、拒绝的时候一定要注意礼貌

当你拒绝他人的要求时，要特别注意礼貌。通常你要感谢人家的好意，然后给个理由，说明为什么无法接受邀请，最后诚恳地道歉。

三、能力之外的事情，一定要及时巧妙地拒绝，否则便会让自己陷入更加难堪的境地

当然，拒绝或者表示反对意见也是有技巧的。要敢说"不"，更要善于说"不"。

四、要让别人感觉到你拒绝的是这件"事"，而不是他这个人

这件事情虽然被拒绝了，但并不损害你们之间的情感。你可以说："这件事我非常愿意为你效劳，只是不巧，我现在正在做一件急事，下次您再有这样的事情，我一定帮忙。"或者你还可以说："这几天我实在脱不开身，您是否可以请小张来帮忙，他在这方面业务比我精通，您若是不方便找他，我可以代您向他求助。"让别人意识到你是为了他的"利益"才拒绝的，产生这样的效果是拒绝别人的最高境界。

五、拒绝要明确坚决，不能含糊其词

不能做到就要明确地拒绝，不要含糊其词，模棱两可，更不可刻意拖延，这样只能失去他人的信任，对你产生不好的印象。

六、给自己留条退路

有时候，如果不方便断然拒绝，那么你可以试试模糊应答。模糊应答的功效在于，既给对方留下一点希望之光，不至于太失望或太难堪，也给自己创设了一块"缓冲地带"，回旋余地大。如果对方请吃饭，你不想去，那么你可以委婉一点地拒绝，比如说："我今天有点累了，这样吧，要是这个周末有空的话，咱们再聚吧！"这样一说，对方也能够理解，也给自己留了条退路。

七、请人转告

巧妙地利用"第三者"来转达你当面难以拒绝的事情。这种方法一般用于当他人有求于你，而你又不好当面拒绝，或自己亲口说不合适的情况，这时就可以利用第三方作为"中介"，巧妙地转达你的拒绝。比如你的一位朋友邀请你去参加他的生日宴会，你原本已经答应了，可是在宴会上偏巧有一个你非常不想见到的人，你想拒绝参加宴会，又担心让朋友不高兴，那你就可以找一个你们共同的朋友，带上你要送给那个过生日朋友的礼物，向对方表示你无法参加宴会的歉意。

八、设置前提，争取主动

对于好朋友，断然拒绝显然不够朋友，模糊应答也有狡诈圆滑之嫌，那就不如快人快语，先给对方设置一个前提，争取自己限时脱身的主动权，让对方明白你是一个讲条件的人，也就不好勉强了。

九、实话实说

实话实说，做真实的自己，不喜欢就说出不喜欢的理由。说不定，你这么做会得到他们的理解和认同。否则，你要是真的有时间，他会改进他邀请你的条件。比如你说怕晒，他说去室内。你怕热，他说有冷气……那你反而被动了。

巧妙的拒绝，不仅能让你的人缘变得更好，还能显示你的修养。有一种获得叫失去，有一种接受叫拒绝。不会拒绝就不会有真正的收获。拒绝，是一种自己赋予自己的权利。

第八章

学会放下，

看透生活本色

你的心态是为你所有的、完全受你控制的一种东西。心态好的人就算身处逆境也不觉痛苦；心态不好的人即使还没有遇到困难就已丧失斗志。

直面生命中的断舍离

有些事情你不愿意它发生，可它就是发生了。这些不可控的因素，让我们只能被动地接受它所带来的结果，可这些苦果谁想咽下呢？但除了坚强地面对，我们似乎别无他法。时间有时可以淡化悲伤，但有时也会让悲伤与日俱增，当我们的生命里发生了这些伤痛，我们该如何治愈呢？

有时候，灾难的发生往往只需要几分钟甚至只有几秒钟，但灾难带给人们心灵上的创伤却久久无法治愈。就像2008年5月12日的汶川大地震，灾区的无数灾民就永远停留在了那个黑暗的日子里。灾难后人们不仅要重建自己的家园，也要治愈自己心灵的创伤。很多人都无法走出那天隆隆的巨响，房屋倒塌的慌乱，被埋在废墟中的恐惧。这样的心情旁人很难感同身受，也无法体会当时那种绝望的境地，特别是一家只逃出了一个人时，剩下的那个人孤零零站立在曾经那个温暖的家的废墟上面，无声地流泪，那样的画面让人心如刀绞。

我们就要这样沉浸在伤痛中无法自拔吗？活着的人虽然比较痛苦，

可还是要继续生活，继续为死去的人完成未完成之事。你的人生并没有在那一刻终止，你的快乐也并没有从那一刻消失，逝去的人一直活在我们的心里与我们同在，他们也愿意看着我们继续自己的人生，继续自己的快乐。

当你承受住命运带给你的不幸之后，你就会知道，死亡并不是人生的终结，死亡并不代表丧失了一切。"没有经历过失恋的人不懂爱情，没有经历过失意的人不懂人生"，亲人或者爱人的离去或许不仅仅只是给你带来伤痛，还有更多人生的感悟你应该学会去理解，去认同。当你能够一个人独立面对生活，当你把悲伤也变成了一种人生经历，那么还有什么看不透，还有什么能够让你执迷不悟？就算生活在最黑暗的地方，也要努力把这个世界活得像个天堂。

如何才能活得自在，唯一的办法就是以自己的智慧找到心中的净土。生命永远是一种"在路上"的姿态，如何才能找到心中的净土，需要自己去不断地努力和寻找，我们在学习的过程中提升自己，感悟生命，做一个积极向上的人。当你相信好运早晚会来到你身边的时候，你就会快乐；当你懊恼被厄运纠缠的时候，你就会被厄运所苦。时刻面对阳光，这样你就看不到黑暗和阴影。

生命归根到底只是一种存在的形式，死亡并不是终结。对于离开的人我们已无法做出选择和判断，但是还活着的人生活肯定是要继续的，你的存在这时就赋予了另一种更加珍贵的意义，你将带着你爱的人的情感继续生活下去，他的死亡对你来说并不意味着生命的终结，并不意味着生活失去了色彩，爱还在，你还可以继续过好你的生活。生命中的伤痛可以治愈，也许伤痕会永远存在于你的心里，提醒着你曾经的悲剧，但伤口终究会愈合，你也终究会走出那段痛苦的时光。不要让你自己过度绝望，不要让你自己孤独地悲伤，女人要懂得承受，女人要学会勇敢，相信你的好运、你的幸福仍然存在，并且默默地守候着你，并在适当的时间出现。

女人懂得知足，才能活得富足

老子在《道德经》中说："祸莫大于不知足。"意思是说，知足者才能常乐。孟子说："养心莫善于寡欲；其为人也寡欲，虽有不存焉者，寡矣；其为人也多欲，虽有存焉者，寡矣。"说的也是知足常乐的道理。

不要与人比较，这会导致你目标迷乱，失去自我。我们常常说，一个明智的人不会盲目和别人比较，要和自己比较，和自己的昨天比较。世上炫目的东西实在是太多太多，要知足常乐，而不是贪得无厌，得陇望蜀。

知足常乐的道理人人都懂得，但真正能付诸实践的人却不多。许多人不可谓不聪明，但却由于不知足，贪心过重，为外物所役使，终日奔波于名利场中，每日抑郁沉闷，不知人生之乐。关于这一点，英国心理学家奥利弗·詹姆斯在对七个国家的大城市数万人进行调查时发现：那些过分看重物质利益的"工作狂"多半会染上"富贵病毒"，很容易造成精神压抑、焦虑，甚至导致病态人格。

毫无疑问，知足与快乐相关，知足后心境才能平和，待人才能慈祥，微笑才能自然。虽然一日三餐清茶淡饭，但却能够享受生命的精彩。这种人生境界是整日泡在荣华富贵之中，而又永远没有满足感的人所无法想象的。

心理学家在一百多个国家收集幸福感的数据，结果发现：无论是在迪拜的黄金市场还是澳大利亚内地，幸福都有着类似的规律。他们认为，人们需要一定的物质财富来获得满足，但满足的程度不会随着需求的获得而增加。尽管当一种主要需求得到满足时——比如得到一个奢侈品品牌的包包，女人们的幸福感会出现一个高峰，但这种快感不会持续太久。也就是说，以满足物质需要来获得快乐，必须付出越来越高昂的代价。

因此，心理学家得出这样的结论："如果我们能逐渐降低我们的愿望、期待，我们便容易得到满足——即使在衰退的经济环境中。"与短暂的快乐相比，过程才是人生的财富。

在现实生活中，相对于不知足而言，一个人要想做到知足是一件十分困难的事情。因为不知足并不需要主观上的任何动力，它本身就是人的欲望的一大特征。而知足却是自觉的、顽强的、坚毅的和勉为其难的。当你走在高楼林立的城市街道上，看见身边的女人各个名牌傍身、珠光宝气，当你身居斗室望着窗外一幢幢摩天大楼的闪闪灯火时，因羡慕、嫉妒油然而生的不知足，无须吹灰之力便不招自至了。而要摆脱这些情绪的纠缠，今晚依然知足地卧床酣睡，明晨照样知足地挤车上班，却是很不容易的事。

不过，正因为这种不容易，才更要去坚持，如此得来的快乐也才更加弥足珍贵。聪明的女人往往懂得如何在生活中降低一些标准，退一步想一想，因此她们能够知足常乐。女人只有体会到自己本来就是无所欠缺的，才是最大的幸福。

别让妒忌在你心里生根

妒忌是一种心理缺陷。当看到别人比自己强，或在某些方面超过自己时，心里就酸溜溜的，不是滋味，于是就产生了一种包含着憎恶与羡慕、愤怒与怨恨、猜疑与失望、屈辱与虚荣以及伤心与悲痛的复杂情感，这种情感就是妒忌。

妒忌通常只能让女人徒增烦恼而已。事实上，往往你的妒忌心理越重，你身上的负担也就越重，你的心灵也就不会得到快乐。

老师决定让她班级的孩子们做一个游戏。她告诉孩子们每个人从家里带来一个口袋，里面可以装上土豆，每一个土豆上都写上自己最讨厌的人的名字。

第二天，每个孩子都带来了一些土豆，有的是两个，有的是三个，最多的是五个。然后，老师告诉孩子们，无论到什么地方都要随身带着这个装土豆的袋子。

随着时间的过去，孩子们开始抱怨了，袋子中土豆太重，使他们活动受限，特别是那个装了五个土豆的孩子。

老师问他们："你们对自己随身带着的土豆有什么感觉？"孩子们纷纷表示，太不方便了。

这时，老师笑呵呵地告诉他们做这个游戏的意义，她说："在我们的生活中，你妒忌的人越多，你身上的负担就越重，心灵就越不容易得到快乐。"

可见，人一定要有一颗平静和睦的心，切不可心怀妒忌。对女人而言，更要力戒妒忌的坏毛病。妒忌是毒药，它不仅使人疯狂，更易让人丧失理智。但在日常生活中，妒忌的存在却是很普遍的。

妒忌者不能容忍别人超过自己，害怕别人得到他所无法得到的名誉、地位或其他一切他认为很好的东西。在他看来，自己办不到的事别人也不要办成，自己得不到的东西别人也不要得到。显然，这是一种病态的心理。

对女人而言，要克服妒忌心理，并且要淡化他人对你的妒忌，需要对以下几点引起足够的重视。

要心胸开阔，放开眼界。要知道，人外有人，山外有山，比你强的人有很多很多。

要尊重别人。要敢于正视别人的优点和长处，对于某些方面超过自己的人要心悦诚服。

介绍自己的优势时，强调外在因素以冲淡优势。如一件事情办妥了，不要强调"我"，而要将功劳归于"我"以外的外在因素——"群众"中去，从而使人产生"我要有群众的大力帮助才能办妥"，这样借以自我安慰的想法，心理上得到暂时平衡。于是，"我"在无形中便被淡化了优势。

言及自己的优势时，不要喜形于色，应谦和有礼以淡化优势。面对别人的赞许恭维，应谦和有礼，这样不仅显示出自己的风度，淡化别人对你的妒忌，而且能博得他人对你的敬佩。

突出自身的劣势，故意示弱以淡化优势。当你处于优势时，注意突出自身的劣势，就会减轻妒忌者的心理压力，从而淡化乃至免除对你的妒忌。

不宜当众给人"厚此薄彼"之感。在众人面前谈到某群体中的某人时，你若说"我们很要好""我们怎么怎么样"之类的话，对方就很容易产生"你厚他薄我"的被冷落感。因为这种复数关系称谓具有明显的排他性，对方会觉得被你称为"我们"中的人员是优势的而滋生妒忌。

强调获得优势的"艰苦历程"以淡化妒忌。如果我们处于的优势确实是通过自己的艰苦努力取得的，那么就不妨将此"艰苦历程"诉诸他人，以引人同情，减少妒忌。

让阳光照进生命，做一个幸福的人

一个人的心若常常在黑夜的海上漂浮，得不到阳光的指引，终究有一天也会沉沦到海底。时光如水，生活似歌，我们每个人若想要让生活过得有意义、有价值，让心灵充满阳光，学会塑造阳光心态，就显得非常关键和至关重要。

我们每个人如同生活在繁杂世界里的小苗，杂草越多小苗就越难生长，收成就会越差。阴暗的心态只能将我们打入抱怨、不满、气愤的牢笼，让痛苦的回忆总是剥夺着我们当下的快乐，我们只有让心里装满阳光，才会宽容过去的一切伤害，才会轻松地、开心地拥抱当下生命中的每一个时刻，才会拥抱生活中的每一个细节，在挫折中总结经验、吸取教训、悟出道理，让过去的每一种苦难或失败经历，成为自己迈向成功的铺路石，让曾经的痛苦，奠定自己辉煌的将来。

一个心里充满阳光的人，才会习惯性地发现生活中积极的一面，习惯性地用美好眼光看待生活中、工作中的一切，学会接纳自己，接受他人，接受生活，珍惜生命，坚信只要有生命存在，每个人的生活就是完美的；在欣赏他人时，懂得感激，在感激之中，热爱工作和生活，从而形成一个整体的积极互动。

我们只有拥有阳光般积极的心态，才能学会与身边的同事，周围的人真挚相处，欣赏比自己能干的人，欣赏别人为自己做的哪怕看似一些微不足道的小事情，就会自然而然地将嫉妒所产生的憎恨、厌恶，转变为感激和感恩，广交朋友，与每一个朋友真挚沟通，就像打开一扇扇窗户，让我们看到一个绚丽多彩、令人陶醉的世界。

糊涂一点，让自己的心随风而动，随雨而下，大事明白，小事糊涂，这也是做人的一种聪明吧。

潇洒一点，让自己有一个好的心态，做人拿得起，做事放得下。人生在世，有得就有失，有付出就有回报，鱼和熊掌不能兼得。有时你的付出不一定能得到回报，但自己要想明白一些，不要太苛求自己，生命总有它的轮回，上帝是公平的，它对每个人都是一样的垂青。

人生苦短，就好好地潇洒走一回吧。快乐一点，珍惜自己的生活，珍惜自己的生命，享受自己的人生，过去的就让它永远地成为过去吧，希望总在未来，做人就快乐一点，让心自由的飞翔，忘记所有的痛与爱，做一个快乐的自己。

　　忘记年龄，不要让自己的年龄成为自己变老的理由，不管我们多老，只要有一个好的心理，只要我们自己不觉得老，别人怎么看是他们的事。走自己的路，让别人去说吧。

　　忘记名利，名利是身外之物，我们都是平凡的人，每个人都希望有自己的一份名，也有自己的一份利，遇到不开心的事，总以为上苍对自己是不公平的，其实，简单平凡的生活才是最大的幸福。

　　忘记怨恨，人活在世上，不可能没有爱恨，也不可能没有矛盾，但只要你好好想想，那个人值得你恨吗？那个人值得你爱吗？那个人值得你去怨吗？我只能告诉你，没必要浪费自己的宝贵时间去憎恨一个不值得的人？

　　恨别人，恨一个不值得的人，是一种最愚蠢的事。在寂寞的时候，可以找个知己说话，在烦恼的时候，让心歇歇脚，给自己一个空间，让自己的心灵有一份纯净的湖泊。

　　一个心里充满阳光的人，坚信风雨过后，终会有美丽的彩虹；生活中不吝啬自己美丽的微笑，懂得在心底最深处寻找属于自己的那份宁静与淡然，凝聚坚强，守护一份澄明的心境，感悟生命中的点滴，让一缕阳光折射到心底，让一份淡泊与美丽停留在心湖深处，懂得珍惜，因而生活里总会多一缕阳光。

在我们的一生中，痛苦和快乐总是如同阳光与阴影一样相互伴随着，就如同花开总有花落时，在阳光的照射之下，学会聆听自己，欣赏自己，尽情拥抱着大自然的亲切，在馨香的自然之美，清新的田园风光之中，尽情聆听大自然的歌声，心中就会飘荡着一份宁静的韵律，抛开心中的烦恼，让心中升腾起无尽的幸福感，给生命一份恬静，坚信明天会更美好，绝不轻言放弃，笑对生活，扬起生命的风帆，升起心中的太阳，让阳光照亮心房，精神振奋，敞开心扉，与人为善，笑对人生。

拥有阳光的心态，我们的生活于无形之中就会少一分烦恼，少一分狭隘，多一分快乐和幸福，生命之树自然常青。

学会反省自己的错误

当你意识到了自己的错误，就要学会做出改变。古人云："一日三省吾身。"现在的人，可能做不到一天三次反省自己，但至少你应该知道在你的错误影响到了你的生活的时候，及时做出改变。

你要学会找到另一个途径来释放自己的情绪，而不是通过抱怨来达到你的目的。当你遇上一件不顺心的事情时，你可以去唱歌，可以约上几个朋友逛街，可以找个阳光灿烂的日子去远足，可以做周末志愿者……这些都是释放压力的好方式，而且也是给你带来正能量的方式，让那些容易从我们指缝中溜走的时间变得更有意义，这样你的人生也才能够变得更有意义。

然后，你还要反省自己的错误。有因才有果，你当前面临的这些状况会不会是因为你自己在哪些方面做得不对呢？任何事情都要先反省自己，而不要先去怪罪别人。当然，如果你没有任何过错却仍旧受到不公正的待遇，你也可以把它当成是你成功路上的磨砺，只要你坚持做好自己的事，努力拼搏，相信终有一天好运会降临到你的身上。一个人要想看到旭日高升的美景，就必须脚踏实地地一步一步攀上山顶，旅途中也许会有荆棘阻碍你的步伐，也许会有石阶劳累你的身体，但终究一心一意向着目标前进的人会达到终点，看到最美丽的风景。

什么样的女人最美？也许每个人都有不同的答案，但不抱怨的女人肯定是最美的。不抱怨的女人知道抱怨对自己毫无意义，只是在消耗自己的时间和精力；不抱怨的女人知道抱怨会危害自己的身体健康和精神状态，因为抱怨是一种毒药，不仅毒害自己也毒害别人。当你关上了那扇抱怨的大门，你会发现原来生活总是有积极的一面，原来你总是看到一个人的缺点，原来那些让你烦恼的问题其实可以解决。抱怨让美丽的白雪公主变成邪恶的皇后，就算拥有再美的面貌，当你让抱怨侵蚀自己，让抱怨使你的生活渐渐变得无色，让抱怨令朋友们逐渐远离你，那么容貌也无法使你散发魅力。

其实，换个角度、换个心态，事情就会有不一样的结果。

你的人生其实很幸福、很美好，如果你没有发掘这些幸福与美好，那么它们就会渐渐流逝。为什么我们总在仰望别人的幸福与美好，不去感受自己的呢？很多时候我们都是在自找烦恼，明明简单的事情非要把它想得很复杂，明明很单纯的人非要把别人看得很有心计，明明只要推开门就可以看到的真相非要蒙住自己的眼睛。自找的烦恼让你困扰，也让你抱怨，但是既然是自找的烦恼，那么你也有能力把它抛开。爱自己的女人就应该将人生想得简单一点，将事情想得简单一点，将一个人想得简单一点。

工作可以不成为人生的全部，金钱也不是人生的全部。当你在这两方面遭遇瓶颈的时候，更不要去为难自己。如果一个女人已经拥有了自己的事业，那已经是一件很不容易的事了，你已经成功了。那么，这时的你还有什么好抱怨的呢？学会满足，学会感恩，感恩你的父母将你养大送你上学，感恩你的老师让你学到这么多的知识，感恩你最终能够进入到这家公司，感恩你的劳累因为这说明你受到重视。有这么多需要感恩的事，为什么要去抱怨呢？将这些抱怨的时间通通拿来感恩，你一定会得到更多的幸福。

如果你一直在抱怨昨天的问题，那么你也会错过后来的答案。让你的思想跟上你的灵魂，让你的灵魂跟上你的脚步，这样的女人才最美，这样的你才最有魅力。我们抱怨的目的是什么？通常是为了将自己的情绪释放出来，或者给自己的不努力找到借口，但是往往我们不愿意承认这一面，因此将抱怨当作逃避的借口。放下抱怨，这并不等于在困境面前不作为，或者放弃对不公正事情的态度。反而是带有负面情绪的抱怨，恰恰才是毫无意义的。只有真正的热爱生命、感恩生活，才能拥有真正意义上的宽容和同情心，才能让自己活得更有意义。

女人也要有胸怀

哈佛大学情商课强调，情商高的女人都有着一种宽阔的胸怀，懂得宽容他人。

宽容是一种修养，是一种境界，也是一种美德。宽容是一种非凡的气度、宽广的胸怀；是对人、对事的包容和接纳；是一种高贵的品质，精神的成熟，心灵的丰盈；是一种仁爱的光芒，是对自己的善待；是一种生存的智慧，生活的艺术；是看透了社会人生以后所获得的那份从容、自信和超然。

宽容的女人是美丽的，也能得到别人的尊重，女人不是因为漂亮而耀眼，而是因为美丽而动人。漂亮是与生俱来的，但美丽就不同了，她是靠后天的修养所得到的一种独特的气质和涵养，而宽容就是一种高素质的修养。

人们常常用大海一样的胸怀来形容宽宏大度的人，而一个女人的宽容首先是面对丈夫的。在长期的家庭生活中，吸引对方持续爱情的最终的力量，可能不是美貌，也可能不是伟大的成功，而是一个人性格的明亮。这种明亮是一个人最吸引人的个性特征，而这种性格特征的底蕴在于一个女人怀有的孩童般的宽容。

宽容不是怯懦，不是一味地逆来顺受，是在理解的基础上的大度、忍让，以此求得在矛盾激化前问题的解决，是成熟的心态，是完美人格的体现，是解决问题的最佳策略。

女人要想成为一个生活中的强者，就应该豁达大度，笑对人生。有时一个微笑，一句幽默，也许就能够化解人与人之间的怨恨和矛盾。宽容，首先表现在处理事情上要不愤怒、不嫉妒、不能够感情用事，生活中确实存在很多矛盾和困难，但是生闷气是无济于事的。

只要你冷静思考，仔细观察，就会发现我们的生活本来就是苦、辣、酸、甜、咸五味俱全。想改变事实，你就得学会宽容地去接受面对现实，再从中找到改造的契机。

宽容体现在你对别人的不苛求，能够容忍他人。尽管不顺心的事随时会产生，若能宽容待人、对事，你便拥有了快乐的一生，那难道不是人生的幸事吗？所以，应尽量以愉快的心情处理生活上的各种问题，即使忍无可忍，也应采取理智来抑制情绪。

生活在社会这个大群体里，人与人之间难免常常因一时的疏忽，或冒犯了别人，或别人冒犯了我们，正确的做法是冒犯者应主动真诚地道歉，被冒犯者理当宽容大度，说声"没关系"，让一切误解在"对不起"和"没关系"中烟消云散，使彼此重归和睦和友善。

当然，宽容也不是没有界限的，因为宽容不是妥协，虽然宽容有时需要妥协；宽容不是忍让，虽然宽容有时需要忍让；宽容不是迁就，虽然宽容有时需要迁就；但宽容更多是爱，在相爱中，爱人应该是我们的一部分，是爱的一部分。作为女人，也许很骄傲，也许很单纯，也许很浪漫，但拥有一颗宽容之心，才是作为女人的完美之本。

宽容，能体现出一个女人良好的修养，高雅的风度。它是仁慈的表现，超凡脱俗的象征，任何的荣誉、财富、高贵都比不上宽容。宽容是美德，是万事万物存在的结果，宽容的背后有着心与心永久与纯洁的承诺。

宽容地面对生活，面对人生，才会使自己拥有一个平静从容的生活，才能使自己活得更轻松、更洒脱。宽容别人，其实就是宽容我们自己，多一点对别人的宽容，我们的生命中就多了一点空间，宽容是一种境界。

没有抱怨的人生最阳光

抱怨是一剂毒药，对自己如此，对听你抱怨的对象也如此。如果你有一个朋友整天对你抱怨，抱怨生活的不公，抱怨工作的不顺，抱怨家庭的不和，相信没有哪个人会愿意与他长时间待在一起。因为这样的人给别人带来的永远是负能量和太过消极的人生观，他的情绪传导给周围的人，周围的人也容易变得焦躁不安。人生本是一条欢快的河流，何必让你的抱怨使它变得浑浊不堪？

生活中我们总会遇到不顺心的事，工作上的压力、家庭里的不和谐……有些人遇上这些事可以自己用各种方法进行调节，比如听一听舒心的音乐，比如在空旷的地方大喊一声，比如去做运动，通过流汗让自己的怒气得以释放……但也有一些人喜欢和别人诉说自己的不快，虽然这也是一种释放烦恼的方法，但长久以往，你带给别人的负能量过多，诉说就演变成了抱怨。且不说这些抱怨是否真正能排遣你内心的郁闷，也许你只是把它当成了一种倾诉的习惯，你抱怨这个人的不好，抱怨这个人让你看不惯的生活细节，每时每刻你都是在攻击别人，其实同时也是在攻击你自己。你让这些纠结的人根深蒂固地存在你的脑海里，你的本意是想要摆脱这些烦恼，但其实抱怨越多，烦恼也就越多，这些事也记得越深刻。

抱怨不仅会侵蚀你的思想、你的生活，也会影响你的身体健康。一个人总是被负面情绪围绕，想的事情也多，最容易影响的就是你的睡眠质量。大家都知道，睡眠对于一个人特别是女性来说是十分重要的。如果晚上睡不好第二天起床可能就会精神萎靡、面容憔悴，那么一天的工作效率也不会高，经常性的失眠也容易危害身体健康。相信大家都体会过失眠的感受，想睡又睡不着的滋味不好受。其实，排遣负面情绪的方法有很多，不必选择抱怨这一种，它是危害你身体健康的毒素，也是让你的朋友甚至家人对你感到失望的始作俑者。

什么样的人喜欢抱怨？一般而言，年轻人的娱乐方式比较多，面对各种负能量通常都有自己的解决方法，但同时他们的工作和生活压力也较大，时常在承受不住这些东西的时候就会通过抱怨的方式发泄出来。比如说，碰到一个难缠的上司，他可能今天给你的任务比较多，比较繁重，需要你加班到很晚；你的上司总是处处为难你，你不知道自己在什么地方得罪了他；你的上司对你不器重，重要核心的业务都不安排给你……这时候，你就会在和朋友聚会聊天的时候说起这些事，说起你上司这个人，你对他有多厌恶，他是怎么为难你的，他让你郁闷得想放弃。朋友们没见过你的上司，他们只能通过你的描述把他定位为一个可恶的人，然后帮着你一起骂人，说他的不对。通过这样的发泄你觉得自己的郁闷得到释放了，但其实第二天上班，什么也没有改变。因为你只是想到了别人对你的为难，没想到为什么你会遇到这样的事。而朋友们对你的附和也可能仅限于这几次，久而久之他们也会对你的抱怨持怀疑的态度，为什么总是你遭遇到这样的事？难道你自己没有错吗？

如果是步入中年的妇女，她们的抱怨通常会围绕这几个话题，家人或者金钱。比如家人住在同一个屋檐下，虽然是最亲近的人，但每个人还是有自己不同的生活习惯和相处方式。特别是和子女之间，孩子长大了容易与父母形成代沟。妈妈也许看不惯孩子躺在沙发上玩手机、看电视，看不惯他们家里来客人以后不知道打招呼，而孩子不喜欢父母无时无刻想管着自己，不喜欢他们说话总是拐一个弯，不喜欢拘束的生活。这样的不同，生活在一起就会产生矛盾，妈妈的抱怨也会越来越多。但就像年轻人抱怨自己的上司，这些抱怨根本没起到任何作用，它只会让你自己越来越觉得为什么自己的孩子这么不乖，总是需要自己操心，为什么生活总是这么不顺，让自己疲于应付。问题没有解决，而你的心却越来越累。

当然，有了不满偶尔发泄也并不为过，害怕的是女人们总认为全世界都在和自己作对，人生中不如意之事总是随着自己转。于是，无论何时何地，只要与人攀谈，内容就永远都是喋喋不休的抱怨。女人们千万不要再抱怨下去了，要不早晚会成为一个怨妇。

怨天尤人始终是于事无补的，而只会让自己的心情越来越坏，情绪越来越糟糕。

生活本来就是如此，它不会让你事事如意，但是你却不能因此而放弃快乐和幸福的生活。有时候，只要你转换一下思维的方向，站在对方的立场上想想，问题就会呈现出截然不同的答案。

女人们与其花时间抱怨，莫不如用那些时间去泡个热水澡，做个面膜，换个发型，或读读好书，做一次旅行，抑或买一件你一直都舍不得买的衣服。然后看着镜子里的自己，变得魅力十足，那种由内而外的自信和光彩就会自然地焕发出来。走在街上，待在办公室里，从行人或同事欣赏的目光中，你会感到自己是美丽的，心情也会跟着明朗，并且会为这种改变而欣喜。

对习惯抱怨的人来说，生活就是一道又一道墙，处处为难自己，郁闷满胸膛，人生的格局逼逼仄仄、别别扭扭。对习惯不去抱怨的人来说，生活就是一道又一道门，他看到的只是门锁处的方寸空间，然后调动智慧和资源，找到开启门锁的钥匙，这个过程充满挑战和乐趣，既提升了自我，也扩展了人脉，人生的格局也舒展洒脱、欣然可观。

抛下情绪的牵绊，看到另一个世界

女人是感性的，很容易情绪化，男人是理性的，常常比较理智。大多数的女人在现实生活中总是感性多于理性。感性能给女人带来独特的灵感和不一般的收获，也能够给女人带来苦恼甚至损失，尤其是在女人的感性不合时宜地过分表现时。因此，女人要懂得控制自己的情绪。

女人天生是感情动物，感性在给女人带来细腻和灵感的同时，也会泛滥为情绪，假如这种情绪得不到适当的处理，就会影响到日常的生活和工作，甚至破坏人际关系。

职场中的大忌，就是过于情绪化。在碰到事情和问题时，不是冷静地思考一下真正的原因，只是凭着感觉和情绪办事，而缺少为人处事上的技巧，会费力不讨好。可以这么说，学会控制情绪是你受人欢迎的要诀。实际上，没有任何东西比情绪更能影响你的生活。积极主动地控制自己的情绪，就不会做出冲动的事情，才能掌握自己的命运！

从心理上讲，爱发怒的人一般气量狭小，虚荣心过强，或缺乏修养，自制力差。暴怒、狂怒，还会破坏人的健全的思维能力，瓦解自制力，做出失去理智的事情，伤害他人，最终给自己带来麻烦。

从生理的角度来看，动辄发怒是情绪不健康的表现。人在发怒时，会心跳加快，呼吸急促，肌肉绷紧，毛发倒竖，鼻孔大开，双眼圆瞪，咬牙切齿，要消耗比平时大得多的能量。过度的发怒，还会造成神经紧张，脸色苍白，浑身发抖。发怒过多，心脏、大脑、肠胃都会受到损害。

纵观世界，大凡有所成就的人，其性格情绪都是非常鲜明而稳定的。要想让自己成为受人欢迎的女人，就要学会很好地控制自己的情绪。女人要懂得如何有效地控制自己的情绪，让情绪成为自己成功的垫脚石而不是绊脚石。

无论什么样的消极情绪，都可以用正确的方法来疏导，女人应该掌握这些方法，给自己一个健康的心理。你可以学一些制怒的小窍门。

一、自我控制

锻炼坚强的意志，能够在一定程度上直接控制自己情绪，克服不良情绪的影响。平时要特别注意培养自己的自制力，针对自己的实际情况采取一些有效的方法来克制自己的情绪。比如，当你感到怒火难消时，就在心中默念26个英文字母以止怒；把舌尖放在嘴里转十圈，以使心情平静下来。

二、自我转化

有时，不良情绪是不易控制的。这时就必须采取迂回的办法，把自己的情感和精力转移到工作、学习或活动中去，使自己没有时间和精力沉浸在这种情绪之中，从而将情绪转化。

三、自我发泄

消除不良情绪，最好的方法莫过于使之"宣泄"。切忌把不良情绪埋于心里。如果你到悲痛欲绝或委屈之极时，可以向至亲好友倾诉，也可以运动发泄，或者拿起笔将自己的不满和苦恼写在纸上，这样心里会好过点。

四、暂时避开

当情绪不佳时，去看看电影、打打球、漫步于林荫小径，或者游泳、划船等。改变一下环境，离开让你心情不快的地方，能改善你的自我感觉，能重新整理一下思想情绪，消除不良的因素，从而释放自己。

五、幽默疗法

幽默与欢笑是情绪的调节剂，它能缓冲恶劣的情绪。幽默给人以快乐，使人发笑，而笑可以驱散心中的积郁。

当然，要真正做到遇事不怒，还得从平时加强自我道德修养、培养良好性格、保持乐观向上的精神等做起，这样才能够防"怒"于未然。如果你实在是愤怒，那么就试着微笑吧。

治愈生命中的伤痛

　　杨绛老先生，曾经经历了爱女的离世，经历了白发人送黑发人的最苦痛的时刻，接着，人生伴侣钱锺书老先生也离开了。原本快乐幸福的三口之家，在那段岁月静好的时光里，家人和朋友一般相知相守，很朴素，很单纯，也很温馨如饴……但随着时光的流逝，再美好的故事也总有谢幕的一天。杨绛先生在《我们仨》里曾写道："1997年早春，阿媛去世。1998年岁末，锺书去世。我们三人就此失散了。现在，只剩下我一个。"女儿与丈夫的相继离世，让昔日那个乐融融的家庭不复存在，只剩下杨绛孤零零一个人。从此以后，杨绛先生深居简出，很少接待来客，开始悉心整理钱锺书先生的手稿。2010年7月17日，是杨绛先生的百岁大寿，但是她很低调，没有举行任何隆重的庆祝仪式。她只嘱咐亲戚们在家为她做上一碗寿面即可。钱锺书曾用一句话概括他与杨绛的爱情："绝无仅有地结合了各不相容的三者：妻子、情人、朋友。"这对文坛伉俪的爱情，不仅有碧桃花下、新月如钩的浪漫，更融合了两人心有灵犀的默契与坚守。纵然斯人已逝，而杨绛先生的深情依旧在岁月的轮回中静水流深，生生不息。伟大的爱情原来就是这样，你在我身边时不离不弃，当你离我远去，我依旧相知相守，过好自己的人生。伟大的爱情不必惊涛骇浪，不必花前月下，只需不离不弃，生死相依。

三毛在她生命的灵魂伴侣荷西死后，曾这样说过："但愿你永远也不会知道，一颗心被剧烈的悲苦所蹂躏时是什么样的情形，也但愿天下人永远不要懂得，血雨似的泪水又是什么样的滋味。"相信所有经历过悲伤痛苦的人都知道，一颗心被剧烈地蹂躏是什么情形，血雨似的泪水又是什么滋味，活着的人总是比死去的人要痛苦。如果我们能够活下去，哪怕是活得很艰难，也是你一生中一件很了不起的事。

虽然我们一心想要治愈心灵的伤痛，但是如何做才能让自己摆脱那些令人痛苦的记忆？我们不能决定命运，也不能选择自己的记忆，但是我们可以通过自己积极的行动和逐渐康复的心态让自己重新获得美好。你要承认眼前的事实，不能让自己一直沉浸在以前的回忆中，不要假装什么事情都没有发生过，不要认为逝去的那个人还会回来。面对现实就是要勇敢地承受现实带给你的伤痛，在伤痛中学会坚强，在坚强中学会独立，独立以后开始学会新的生活。有些人会把逝去的人的东西统统收起来，以免看见的时候再次伤心，让自己的生活中再没有他出现过的痕迹，但这其实只是一种敷衍自己的方法。缅怀才是最好的，快乐的记忆依旧是快乐的，痛苦虽然在，但终究抵不过那些曾经美好的记忆。

你还要学会走出自己孤独的屋子，和家人在一起，和朋友在一起，或者认识新朋友。越是一个人待在冷清的屋子里，越是无法走出那个伤心的旋涡。让家人的关怀重新温暖你的心，让朋友的陪伴重新带你回到人群中。不要自己一个人默默难过，一个人默默承受巨大的痛苦，有些事我们必须承认自己一个人承受不来。当你把快乐与人分享，你就会收获两份快乐，当你把悲伤和人分担，你的悲伤也会减少一半。将你的情绪释放出来，没有人会责怪你，爱你的人都会静静地陪伴着你。

你要学会渐渐开始新的生活，但开始新的生活并不意味着要将曾经的一切忘却，要将过去的一切抛弃，回头看不是错，往前走也不是错。让新生活的芬芳重新充盈你的身体，让快乐勇敢重新来到你的身边。正因为生活总是可以重新开始。

生命中拥有那么多的美好时光，我们不可能那么贪心地都想一一得到，但我们只需要抓住其中之一就可以了。追逐温暖的过程，其实就是你摆脱伤痛的旋涡，走出人生困境的过程，越勇敢越坚强的女孩总会有不期而遇的温暖，带给你生生不息的希望。

以后，也许生活依然艰难，阴天依旧会存在，但经历过最大痛苦的自己还会有什么是不能够度过的吗？不管是怎么过，时间都在一天天逝去，为什么不能给自己给身边的人带去一些好的情绪呢？别人对你的容忍也不会是一辈子，你总有一天要面对，因此让自己尽快地走出来才是正确的选择。要知道，未来的旅途不可知但仍旧充满希望，你将带着更强大的力量去寻找自己的路。